留守儿童应知的动物世界

鸟类

姚冰英
主编
YAOBINGYING
ZHUBIAN

U0350861

中南出版传媒集团
民主与建设出版社

图书在版编目（CIP）数据

留守儿童应知的动物世界. 鸟类 / 姚冰英主编. —— 北京：民主与建设
出版社，2018.2

ISBN 978-7-5139-1955-5

Ⅰ.①留… Ⅱ.①姚… Ⅲ.①鸟类 – 儿童读物

Ⅳ.①Q95-49

中国版本图书馆CIP数据核字（2018）第028779号

留守儿童应知的动物世界——鸟类
LIUSHOUERTONG YINGZHIDE DONGWUSHIJIE NIAOLEI

出 版 人：李声笑

主　　编：姚冰英

责任编辑：刘树民

出版发行：民主与建设出版社有限责任公司

电　　话：（010）59419778　59417747

社　　址：北京市海淀区西三环中路10号望海楼E座7层

邮　　编：100142

印　　刷：北京文昌阁彩色印刷有限责任公司

版　　次：2018年4月第1版

印　　次：2018年11月第2次印刷

开　　本：710mm×1000mm　1/16

印　　张：10

字　　数：202千字

书　　号：ISBN 978-7-5139-1955-5

定　　价：20.00元

注：如有印、装质量问题，请与出版社联系。

QianYan 前　言

　　在美丽的地球家园里，生活着各种各样的动物。在一望无际的非洲大草原上，数以百万计的角马正浩浩荡荡地前行，它们旅途中的每一步都面临着危险；在广阔的天空中，一只雄鹰正展翅翱翔，它锐利的双眼机警地搜寻着地面的猎物；在号称"世界屋脊"的青藏高原上，一群藏羚羊为了逃脱猎人罪恶的枪口正在飞奔；在大海的深处，凶猛的鲨鱼正在用它敏锐的嗅觉搜寻海洋里的猎物……它们不仅让我们的生活丰富多彩，而且维持着大自然的生态平衡。但随着社会经济生活的发展，生态环境遭到前所未有的破坏，加之人类的过度捕杀，许多动物已濒临灭绝。动物同样也是地球的生灵，同样需要我们以博爱之心去对待它们。要善待它们，首先必须了解它们，这就是《科学揭秘动物世界》的出版宗旨。

　　从阅读中获得知识，从图片中汲取印象，从常识链接中扩展见闻。无论是藏在深海的贝母，还是徘徊在天际的雄鹰，都会在这套科普丛书中展现它们的精彩。科学揭秘动物世界，不仅仅是人类生存的需要，也为我们找到了了解自然、揭示自身奥秘的金钥匙。

　　《留守儿童应知的动物世界》共三卷，分别介绍了鸟类、鱼类、两栖爬行类动物。丛书不仅篇幅精练、文字优美、插图生动、知识链接画龙点睛，更难得的

前言 *QianYan*

　　是铺陈了若干动物故事，将严肃的科普知识以生动有趣的故事形式娓娓道来，以全新的角度向读者阐释了动物的生活方式、生存策略与习性特点，以及尚未破解的一些神秘现象，生动地展示了与人类共同生活在地球上的这些生灵怎样以其独特的方式向大自然索求自己的生存空间，演绎美丽而神奇的生命旋律的过程。

　　《留守儿童应知的动物世界》系列丛书由科普作家精心编撰，吸收前沿知识，所选资料翔实准确，文字简洁生动，通过生动的故事、翔实的例证、具体的数据来调动读者的阅读积极性并启发他们的想象力，实现对知识的融会贯通。从而使读者能够快乐阅读、轻松学习，是青少年读者了解动物世界奥秘的最佳读物。

鸟类的家族

鸟类是脊椎动物中的一个大家族，种类繁多，形态各异。按照它们的生活习性和形态特征，可以分为 8 种生态类群，即走禽类、游禽类、涉禽类、猛禽类、陆禽类、鸠鸽类、攀禽类、鸣禽类。

走禽是生活在草地、沙漠中的一些鸟类，它们不会飞翔，但能够迅速奔跑。翅膀几乎完全退化，双脚却变得强大有力。鸵鸟、食火鸡和无翼鸟都属于这一类。

游禽喜欢在水中生活，脚趾间长着蹼，有扁阔或尖嘴，善于游泳、潜水和在水中掏取食物，大多数不善于在陆地上行走，但飞翔能力很强。雁、鸭、鸳鸯、天鹅都属于这一类。

涉禽适应在沼泽和水边生活，腿长得特别细长，嘴和颈也较细长，脚趾也很长，仅在腿的上部有一些羽毛，适合于涉水行走。涉禽不会游泳，长腿、长颈和长嘴便于它们从水底或地面取食。如鹬类、鹭类、鹳类、鹤类都属于涉禽类。

猛禽的嘴和爪都很弯曲而锐利，翅膀也强大有力，能在上空翱翔并掠食活的猎物。如鹰类、隼类、鸢、秃鹫等。猫头鹰的形态虽和鹰类有所不同，但因捕食相同，通常也被列入猛禽。

陆禽，这一类鸟大多数是定居的鸟类，不随季节的更替而迁徙，因而叫做留鸟。它们有结实的体格，坚硬的嘴，强有力的腿和适合于挖土的钩爪。雌雄羽毛颜色有明显差异，通常雄鸟更为艳丽，如环颈雉、石鸡、竹鸡、马鸡、美丽的孔雀等都属于陆禽类。

鸠鸽类，这一类鸟大多数是留鸟。它们的嘴比较短，基部大都是柔软的，主要在树上生活，特别擅长飞行。食物是植物性的，这类鸟的嗉囊还能分泌乳汁来哺雏鸟。常见的有岩鸽、

▲ 鹭

山斑鸠等。

攀禽的嘴、脚和尾的构造都很特殊，善于在树干上攀缘生活，如啄木鸟的脚强健，脚趾两前两后，适于攀树，尾羽羽轴强韧，啄木时起支持体重的作用；鹦鹉、交嘴雀在攀树时，能用嘴咬住树枝。我们平时在水边经常见到的翠鸟和春天里常听到"布谷"、"布谷"叫声的杜鹃，都是属于攀禽类。

鸣禽是鸟类中最多的一个类群，顾名思义，鸣禽都擅长鸣唱，如黄鹂、百灵都能发出悦耳动听的鸣声。鸣禽身体多为小型，体态轻捷，活动灵巧。它们当中多数都是造巢的能工巧匠，如缝叶莺、攀雀等的巢都是极为精致的。正因为有鸣禽的存在，才使大自然鸟语花香，生机盎然。

那么，世界上到底有多少鸟呢？据英国鸟类学家希尔估计，大约 1000 亿只。有的鸟类学家曾对在美国繁殖的陆栖鸟做过估计，认为不会少于 50 亿只。自然学家伦那德·温曾用一个方程式来计算，得出美国夏季鸟的总数大约为 56 亿只，从而可以推算出夏季末期，墨西哥以北的北美洲，约有鸟 200 亿只。

极少国家有较明确的本国鸟类的总数，芬兰是其中之一，芬兰的一位鸟类学家曾使用一种所谓"线切"方法来计算本国鸟的数目。他首先将全国的乡村地方划分为多个边长 1000 米的正方形，然后用 15 年的时间，每年 6 月到 7 月上旬，每天出发沿划界路线视察，记录所听到及看到的每一只鸟。在这 15 年内，他走遍芬兰的每一个角落，南至芬兰湾，北至北极圈，都有他的足迹。结果，他估算出全芬兰的鸟大约有 6400 万只。

世界上鸟儿密度最高的地方在哪里？肯尼亚和坦桑尼亚的利夫特谷，经常会有 100 万只以上的小型红鹳聚集在一起，挤成一片。而在美国加州的一个岛上，在 4000 平方米内，可能有 40000 只燕鸥筑巢，各个鸟蛋之间的距离往往只有 23 厘米。在陆栖鸟类中，非洲的蝗鸟成群结队的密度，简直难以形容。这种小雀一群多达 100 万只以上，共同起飞时会使天空昏暗，共同降落时会将树枝压断。

目前世界上现存的鸟类种数为 8700 种。古生物学家从研究鸟类化石等方面推测先前生活在地球上的鸟类可能多达 15 万种。换句话说，原有鸟类的大部分，已经或正在从地球上消失。

我国鸟类知多少

我国现有鸟类 81 科 1186 种，占世界鸟类总数的 14%，比印度、澳大利亚这些多鸟的国家还要多，超过整个欧洲、整个北美洲，是世界上鸟类最多的国家。全世界共有画眉科鸟类 46 种，我国便有 34 种，占 74%；全球共有 15 种鹤，我国就有 9 种。

我国产的 9 种鹤类，其中有 7 种在我国境内繁殖，它们是灰鹤、白头鹤、丹顶鹤、白枕鹤、白鹤、黑颈鹤、蓑羽鹤。另外两种赤颈鹤和加拿大鹤，虽然有分布，但不在我国境内繁殖。

灰鹤体形较大，通体灰色，头顶裸出部分朱红色，并有稀疏的黑色短羽。分布于东北及内蒙古呼伦贝尔盟等地，是重要的观赏鸟类。

白头鹤体型较丹顶鹤小，体羽大部分为灰色，但头颈雪白。在俄罗斯西伯利亚和我国黑龙江流域繁殖；在印度、孟加拉、

▲ 黑颈鹤

日本、朝鲜及我国长江下游各省越冬。白头鹤多以家庭为单位觅食，各家庭之间保持一定距离。白头鹤极易驯养繁殖。

丹顶鹤全身体羽洁白，次级和三级飞羽为黑色，覆盖于整个白色尾羽工，故而常被认为是黑色尾巴。头顶皮肤全部裸露，呈朱红色，是世界上著名的珍贵鸟类。主要分布在我国，日本及朝鲜的数量很少。目前仅繁殖于我国东北的嫩江平原和三江平原，冬季到长江下游和台湾省等地越冬。

白枕鹤别名红面鹤，体型与丹顶鹤相似，体羽大都蓝灰色，后颈白色，脸颊部赤红色。在我国黑龙江和吉林两省繁殖，在长江中下游越冬。

白鹤又名黑袖鹤，体型略大于丹顶鹤，全身白色，展翅或飞翔时可露出黑色初级飞羽。繁殖于俄罗斯北部，迁徙时途经我国东北，在江西鄱阳湖等地及印度、伊

朗越冬。

黑颈鹤是我国特有的珍稀鸟类，仅分布于西藏、青海、四川、云南和贵州等省和自治区，往返于青藏高原和云贵高原的狭窄范围，是栖息于海拔 2500~5000 米的高山鹤类。黑颈鹤是世界上罕见的珍禽，国外动物园至今未展出过。

蓑羽鹤又名闺秀鹤，体型纤瘦，是鹤类中的"小不点儿"，全身石板灰色，有白色耳羽，颈羽蓝色，延长而下垂，使它显得更加漂亮。在黑龙江省北部及内蒙古、宁夏、新疆西部繁殖。

鹤类体态秀逸，性情悠闲，宛如一个潇洒出尘、放浪形骸的人，所以鹤在我国历史上被称为仙禽。神话传说中的仙人常常以鹤为伴。

我国不仅鸟的种类多，而且有许多珍贵的特产种类。例如象征爱情、羽色绚丽的鸳鸯、相思鸟；产于山西、河北的褐马鸡；甘肃、四川的蓝马鸡；西南的锦鸡；台湾省的黑长尾雉和蓝腹鹇；我国中部的长尾雉；东南部的白颈长尾雉；还有黄腹角雉、绿尾虹雉等。

我国的鸟类资源十分丰富，但有些种类分布地方很狭窄，数量也不多，成为珍贵稀有种类，甚至有的已经濒临灭绝。如黑鹳、白鹳、朱鹮、黄腹角雉、黑颈鹤、白鹤、丹顶鹤、赤颈鹤、大天鹅、小天鹅、中华秋沙鸭等。现在我国政府有关部门已经公布了我国一、二级保护动物名录，其中鸟类就有 150 多种，这些鸟类是禁止捕猎的保护对象。

鸟岛是鸟类的乐园，我国最大的台湾岛上生活着 396 种鸟类。我国南沙群岛和西沙群岛也是海鸟群集、遍地鸟蛋（繁殖季节）的宝岛。长久以来，那里的红脚鲣鸟、褐鲣鸟和其他海鸟千万成群，遗粪岛上，积压后成了磷砂。鸟粪是最好的磷肥资源。南海诸岛都产鸟粪，有人估计，仅永兴岛上储存的鸟粪就有 24 万吨。

许多鸟类或体形优美，或羽色艳丽，或鸣唱悦耳，成为人们的观赏对象。观赏鸟的种类很多，如相思鸟、蜂鸟、黄鹂、绣眼、孔雀、画眉、百灵、鹦鹉、八哥、丹顶鹤、鸳鸯等等，多达百余种。

鸟类的观赏价值，仅仅是鸟类为我们做出贡献的一小部分。鸟类给人类带来的利益，主要是在保护森林和农业生产方面的意义，它们在维持大自然的生态平衡方面起着重要作用。

从袁世凯送鹦鹉给西太后说起

袁世凯一向工于心计，善于利用机会。他一生平步青云与他巧心献媚慈禧而获得慈禧宠信有很大关系。由于他向慈禧告密，出卖了光绪，致使戊戌变法失败，六君子蒙难，光绪被囚于瀛台，袁世凯本人却出人头地。

慈禧再度垂帘听政。在她荣归故里路经天津时，当时任直隶总督的袁世凯献上一对从印度弄来的鹦鹉。慈禧一见这对脚上系有极细的金质短链，并肩栖息在一根玉树枝上玲珑可爱的鹦鹉十分高兴，连声说道："好！太好了！"

袁世凯一听到慈禧对这件别出心裁的礼物连声夸赞，不觉心花怒放，乐不可支，心想我这招总算出对了。

慈禧正在仔细欣赏的当儿，两只鹦鹉中的一只突然发出清脆悦耳的叫声："老佛爷吉祥如意！"

另外一只也跟着高声叫道："老佛爷平安健康！"

这一下慈禧更是喜上眉梢，眉宇间都隐含着喜悦，大有一种返老还童的架势。

从此以后，慈禧特命一位太监专门饲养这对鹦鹉，为这对活宝准备饮水和谷米，以及清洁洗澡等等。慈禧还交代太监，这对鹦鹉必须随她的行止——真是宠爱极了！

两只鹦鹉咬字正确，声音清脆，声音像幼儿般可爱。袁世凯花了不少心血和很多银子，其目的不外乎取悦慈禧。老太婆早晚随时听到鹦鹉的叫声，自然会联想到袁世凯，加深了对他的印象。

鹦鹉是人们喜爱的笼鸟。据考证，人类驯养鹦鹉的历史非常悠久。早在四千多年前的奴隶社会，鹦鹉就已成为奴隶主们的宠物。

今天，驯养鹦鹉的习俗几乎遍及全球。鹦鹉之所以特别受人宠爱，不仅是因为其羽毛鲜艳、性格温顺，更主要的是它那擅长学舌的本领。从古到今，鹦鹉学舌的出色本领，引

▲ 鹦鹉

起了人们莫大的兴趣，甚至留下一些传奇般的故事。

相传，唐代时，长安富豪杨崇义在家中被杀，地方官到他家中调查，一只笼中鹦鹉突然开口说话，念叨一个叫李弇的名字。地方官心生疑云，一查，李弇是杨家邻居，便把李弇带来盘问，发现他果然是凶手。鹦鹉因破案有功，被唐明皇赐了个"绿衣使者"的封号。

在我国的史书中，有不少关于和鹦鹉对话的奇闻趣事的记载，如宋时《玉壶野史》中提到过一只灵慧过人的鹦鹉，它能诵李白诗词，每当客人进门，它会响亮地呼唤："上茶！"并向客人问寒问暖。

后来，主人出事坐狱半年才回家，对鹦鹉说："鹦鹉哥，我半年里很惦记你。"

不料鹦鹉回道："你只不过囚禁半年，我却已被关了几年。"

主人慌忙放其回巢……

鹦鹉为什么会学舌？

在古代，不少人相信能说话的鸟真的懂人语，通人性。到了现代，由于动物学、解剖学、生理学等学科的发展，使得大多数科学家对此持否定态度。他们指出，鹦鹉和其他鸟类的学舌，仅仅是一种仿效行为，也叫效鸣。鸟类没有发达的大脑皮层，鸣叫的中枢位于较低级的纹状体组织。因而它们不可能懂得人类语言的含义。鹦鹉学舌，只是一种条件反射，并且只能学会有限的语汇。

《 鹦 鹉 》

鹦鹉种类很多。头圆，嘴较大，上嘴弯曲，基部具蜡膜。羽毛色彩华丽，有白、青、黄、绿等色。足的外趾可以向前转动，适于攀缘。舌肉质而柔软，经训练，能模仿人言的声音。

近几年，科学家发现，有些鹦鹉聪明绝顶，能在不同的场合说不同的话，甚至有的还能与人类进行某些感情交流。

不久前，英国《星期日泰晤士报》网站报道，一项长达30年的研究表明，鹦鹉不仅会做加法，识别形状、颜色，还能辨认出100种不同物体。

发表这项研究结果的科学家表示，鹦鹉的大脑差不多与核桃仁一般大小，与大猩猩和海豚相比，它们的智力水平与人类幼童相当。

马萨诸塞川布兰代斯大学心理学系助理教授艾琳·佩珀伯格说："鹦鹉的交流技巧相当于两岁幼童，但它们做加法和识别颜色、形状的能力更像五六岁的儿童。"

有人甚至大胆地提出，有些聪明绝顶的鹦鹉具有与人一样的思维能力。

究竟如何，有待于科学家进一步研究、探讨、揭示。

皇帝赐名的珍禽

林海浩瀚的兴安岭，生活着各种各样的飞禽走兽，在这些种类繁多的禽兽中，"貌不惊人，鸣不压众"的"飞龙"却被称为"禽中珍品"。

据传，飞龙早在 14 世纪初就出名了。那时，地方官员在鄂伦春、达斡尔、女真族的猎民中大量收掠，送到京城给皇帝品尝后，皇帝将之视为珍品，认为这是只有皇帝才能够享受的美味，特下诏书，赐名"飞龙"。清乾隆年间被列为贡品，故又称岁贡鸟。其名称来源有两种说法：一说为满语转音，清嘉庆年间《觉罗西传》的著作中称"岁贡鸟名

▲ 榛鸡

飞笼（龙）者，斐耶楞古之转音也"。一说其形象具有传说中龙的特征，如颈长而曲，似龙颈；爪有鳞，似龙爪；背腹羽毛棕黑斑驳，似龙鳞等，有"天上肉龙"的美称。如今，有客自远方来，美味的飞龙常常被摆上国宴，招待贵宾。

我们知道，动物性食物做成汤，一般都是乳白色，唯"飞龙汤"无需佐料满室飘香；揭开锅盖，汤水清澈见底，雪白的龙肉"历历在目"；喝一口汤，如琼浆玉液，鲜美异常，令人胃开口爽，尝一思十；色、味俱佳的飞龙肉若和别的肉在一起烹调，别的肉也成"龙肉"味了，实为肴中一绝。近年来，有些地方用蒸、烤、烧、炸、爆等方法，制出形状各异、味美鲜香、鲜嫩可口的参泉美酒醉飞龙、渍菜美味飞龙脯以及油泼飞龙、芙蓉飞龙、香酥飞龙、精烧飞龙、清炖飞龙、飞龙白果、飞龙卧雪、芝麻飞龙、珍珠飞龙、串烤飞龙等数十种高级名菜。飞龙肉不仅美味可口，而且还有"滋补健身"的作用和"扶正、固体、强心"之功效。

飞龙，学名松鸡、榛鸡，是寒温带大兴安岭独有的一种留鸟，冬、夏都出现在大、小兴安岭一带。飞龙头小颈短，它的脖子短得使头紧靠在身子上，胸脯凸起，脊平直，灰褐色的毛略带白色斑点。两只长毛的爪很短，每次飞不太远，飞的时候两

<< 榛 鸡 >>

榛鸡雄鸟体长近40厘米。羽毛呈烟灰色，尾端有黑色条纹，喉部棕色。森林鸟类，善奔走，常隐于树上。食物以植物为主，夏季也吃昆虫。冬季结成小群，钻入雪下过夜。分布于中国东北部。

翅平展滑翔。飞龙的体重一般为300~450克，发达的胸脯几乎占了体重的一半。

黑龙江飞龙主要栖息在大兴安岭针阔叶混交林中，尤喜居于红松、冷杉混交林中。其羽毛随季节不同而有所变化：夏季呈红褐色，有黑、白、土红、蓝灰色斑点，与当地棕色森林颜色相近；冬季呈灰褐色，与落叶松、白桦树之整体颜色一致；秋季色彩最美，全身布有五彩斑斓的斑点。雄性头上生数株主翎，形如凤冠，毛色也较雌性为美。

吉林飞龙栖息于长白山林缘灌木草地，海拔500米~2000米地方均有分布。安图、抚松、蛟河、桦甸等地为主要产地。上体大都呈棕灰色，带有黑褐色及棕黄色横斑；下体棕褐色并形成白色细纹，两颊有一白色宽带。雌雄个体大小与羽毛相差不多，仅喉部略有差异，雄鸟为黑色，雌鸟为深棕色。飞龙为著名长白山狩猎鸟，猎人常以铁哨或口技仿其鸣声加以诱捕。

内蒙古飞龙主要分布于横贯呼伦贝尔盟中部的大兴安岭林区。该地松、桦、柞树茂密，最宜飞龙生长发育。羽毛与吉林飞龙相同。

飞龙喜欢群居，夏季栖息在树上，冬天则栖息在雪窝里，常常生活在高山和山谷的赤杨和桦树幼林中。夏季食虫或草子，冬季吃赤杨和桦树嫩的子穗。夏天，飞龙一天吃三次食，早、午、晚都从树林里飞出寻食。严冬，大兴安岭天气冷到零下四五十摄氏度，早晨飞龙躲在雪窝里，虽然阳光已在林中闪耀，它还是懒得飞出窝来，一直到了九点多钟，飞龙才飞出雪窝，一直吃食到午后两点才回家。

4月到5月初，春天到了，这时成对的飞龙纷纷离群交尾，5月中旬，它们开始在草丛里下蛋、孵化，每窝产蛋二十多枚，孵化期为25天左右。7月上旬，小飞龙便能独立生活了。兴安岭为飞龙提供了大量的食物，吃得胖胖的"飞龙"在冬季来临时又纷纷合群活动，每群三四十只不等。每年10月至翌年2月，该鸟毛丰肉厚，为狩猎期。4~8月为繁殖期及雏鸟生长发育期，禁猎。

在产卵、孵化和雏鸟阶段，气候直接影响飞龙的成活率，降雨量大的年份，飞龙的数目大量减少，故飞龙也有"大年"和"小年"之分。在它众多的天敌中，鹰类是最可怕的敌人。

目前，野生的飞龙不多了。为了保护飞龙资源，国家已将其列为三级保护动物。科研部门也开展了人工驯养繁殖飞龙的研究，并取得了成功。

鸳鸯原是"薄情郎"

自古以来，人们都把鸳鸯视为友谊和爱情的象征，为它们写诗、绘画，讴歌它们白头偕老，忠贞不渝的爱情。

鸳鸯的样子跟野鸭子差不多，体形较小，嘴扁，颈长，趾间有蹼，善游泳，翼长，能飞。雄鸟有彩色羽毛，头后有铜赤、紫、绿等色的长冠毛，嘴呈红色。雌雄多成对生活在水边，白天形影不离，晚上睡觉时，雄鸟从右翼向左掩盖着雌鸟，雌鸟从左翼向右掩盖着雄鸟，稍有响声，便双双离去。真可谓"同眠共枕，患难与共"。

▲ 鸳鸯

鸳鸯属于候鸟，老家在雄伟壮丽的长白山区，每年的 9 月以后，当北方气候越来越冷时，它们便结队南下。等到第二年阳春 3 月，鸳鸯和其他候鸟一样，结队从遥远的南方飞回了长白山区，开始生儿育女。从 1976 年开始，科学工作者们连续多年在林海中寻觅着鸳鸯鸟群，追逐着野生鸳鸯的行踪。一天，他们看到鸳鸯落到高达三十多米的大青杨树上，接着灵巧地钻进了天然树洞。探索者们颇有兴致地躲到树上细细察看，发现洞中存放着鸡蛋大小的灰黄色鸳鸯蛋，原来树洞是鸳鸯的巢穴！鸳鸯一般一天只生一枚蛋，当生下十来枚蛋的时候，雌鸳鸯便开始抱窝孵化了。

繁殖初期，雌雄鸳鸯确实是形影不离的。可是，探索者们发现，这是一时的假象。他们终于获得了意想不到的结论：雄鸳鸯是个"薄情郎"。当它和雌鸳鸯交配后，就再不露面了，产蛋、抱窝等抚育后代的重任完全由雌鸳鸯承担，连孵化期的食物也要靠雌鸳鸯自己寻觅。不过，小鸳鸯们倒是很懂事，出壳后第二天，便像跳水队员一样，从高高的树洞上跳下来，随母亲投到大自然的怀抱里。

从前，传说雌雄鸳鸯一方死去，另一方则从此独居，或殉情而死。探索者们为了验证这个结论，他们在林海中选择了有成对鸳鸯的活动区。然后用猎枪打落某对中的一只，可是，几天过后，不知从哪里又飞来了一只，鸳鸯又成双配对了。探索者连续做了几次这样的试验，结果都是一样，看来传说不可轻信。

鸳鸯子女多，一窝就有七八只，雌鸟日夜操劳，也满足不了孩子们一天比一天增加的食量，它们整天张着嫩黄的小嘴嗷嗷待哺。雌鸳鸯只得忙里又忙外，经常独自孤单单地站在小溪中的岩石上把刚刚会飞的小鸳鸯一只只从树洞唤出来，让它们随母亲到河边觅食和游泳。小鸳鸯迅速成长，它们翅膀硬了，能在河面上展翅飞翔了。

小鸳鸯从小到大从未见过父亲是个啥模样，转眼天气变寒，它们又成双成对地开始了新的一轮南迁北返。旅途中的恩爱，自然又引起不少人的羡慕。

无独有偶。人们常常用相思鸟比喻热恋的情人形影不离，相依为伴。其实，相思鸟也并不相思。

相思鸟，又名红嘴玉，属鸟纲画眉科。这种体态轻盈，羽毛华丽的小鸟，雌雄形影不离，时而在长夜比翼而飞，时而并立枝头互相偎依，连夜晚也是各立一足而宿。它是驰名中外的名贵欣赏鸟之一，也是我国主要出口的欣赏鸟的一种。

相思鸟上体呈橄榄绿，金黄的颈，黄白的眼圈，配上鲜红的喙甲，把头部装扮得妩媚可爱；耀眼的橙色胸部，配上镶着黑边而又具有小叉的尾巴，非常好看；那黄褐色的嫩脚，支撑着匀称而灵活的躯体，犹如一件精美的艺术珍品。相思鸟情意绵长，加上它全身迷人的色泽，似管笙轻奏的"啾啾"鸣声，打动了多少人的心啊！不少国家，每逢亲朋婚姻之喜，总得设法送上一对相思鸟，祝福新婚夫妇长相恩爱，白头偕老。近年来，国外对相思鸟的需求量逐年增加，它成为我们结交海外朋友增进友谊的吉祥鸟。

相思鸟的家乡在我国南方山区，栖息于常绿的阔叶林或成片的竹林中，以捕食林中幼虫和觅食山间植物种子为生。阳春3月，相思鸟带着春天的信息，直趋北方高山丛林避暑消夏，生息繁殖。秋末冬初，它们又携带着繁衍的后代，向南迁徙。年年岁岁，循环往复，而且飞迁的路径变化不大。这同时为山民捕捉和保护相思鸟创造了条件。

相思鸟主要产地之一——江西山区，多采用张网捕捉相思鸟。天刚放亮，鸟户们在相思鸟必经的山坳口上，张起用丝线或尼龙丝编织的大网，然后吹响鸟哨，把散栖的相思鸟诱引成群。待到它们接近山坳口，赶鸟人突然撒出一把泥沙，鸟群骤然受惊，拼命朝前飞蹿，鸟爪挂在网上而被擒。

为了保护相思鸟，保持生态平衡，国家有关部门正在采取各种措施：把收购相思鸟的季节规定在冬季；明确规定只收雄鸟而不收或少收雌鸟；要求山民就地把受伤的鸟以及雌鸟和一定比例的雄鸟放回山中，任其繁殖。从而使相思鸟世代展翅飞翔于四海，给人类增添乐趣，为友谊架设桥梁。

其实，根据生物学家的考察，相思鸟并不相思，只是由于人们饲养很少，一般只养一两对，由于经验不足和管理不善造成某种疾病，使其相继死去，便误以为是患相思而死。为了揭开这个谜，有人故意给相思鸟交换配偶，结果，它们经过几天"恋爱"就愉快地起舞，繁殖后代。还有的在配偶死去之后，照常再娶再嫁，与新伴侣开始新的生活，所以说相思鸟并不相思。

纪律严明的大雁

在《汉书·苏武传》里有一个成语故事：雁足捎书。

故事说，汉朝的时候，有位大臣，名叫苏武。他在公元前 100 年，接受汉武帝的命令，出使匈奴。匈奴的贵族们把苏武扣留在匈奴，劝他投降。可是苏武死也不肯归顺，他正义凛然地对他们说："我是堂堂的汉朝使者，岂有投降之理！"匈奴的君主单于就将苏武囚禁在阴山的大冰窖中，不给饭吃，不给水喝，想用这个残酷的手段，逼他投降。苏武只好嚼雪吞毡、捕鼠为食，但绝不投降。单于又把他送到遥远的北海，让他在那个寒冷而没有人烟的湖边牧羊。就这样，苏武在那里含辛茹苦地度过了 19 个年头，始终没有屈服。

后来，到了汉昭帝即位的时候，汉朝同匈奴和亲友好，昭帝便要求匈奴放回苏武。可是单于欺骗昭帝说，苏武早已经死了。有一次，汉朝的使节到了匈奴，匈奴有一个叫常惠的人，晚上偷偷地去见汉朝使者，告诉他们苏武并没有死，仍在北海牧羊。常惠又帮他们想出了一条计策，说："你们这样同单于说——我们的汉昭帝在上林苑打猎，射中一只大雁，发现大雁的脚上拴着一封信，打开一看原来是苏武写的，说他仍在北海牧羊。"汉朝使者听从了常惠的建议，就照样和单于说了。单于听说竟有雁足捎书的奇事，十分惊慌，以为这是有神仙在帮助苏武，于是赶紧把苏武送回了汉朝。

实际上，大雁是不具备传书本领的，它不能像鸽子那样充当信使。

大雁是一种候鸟，形似家鹅，嘴巴宽厚，脚短且趾间有蹼，便于游水觅食；毛色以淡灰褐为多，并有斑纹；主要食用植物的嫩叶、细根及种子等。

大雁的"老家"在北方西伯利亚及我国内蒙古和东北部分较寒冷地区。每年霜降之前，大雁开始从它们的老家一批一批地迁徙到温暖的南方去过冬。等到来年春天，它们又成群结伴地飞回北方去产卵育雏，繁衍后代。这样周期性的往返，年复一年，代代如此。金朝女真族的祖先，当年就以观察雁群结伴迁徙来计算岁月，历史上曾有"金人据鸿雁以正时"之

《 雁 》

雁是大型游禽。形略似家鹅，或较小。嘴宽而厚，末端所具嘴甲也较宽阔。喙缘具较钝的栉状突起。雌雄羽色相似，多以淡灰褐色为主，并布有斑纹。群居水边。主食嫩叶、细根、种子，有时也啄食农田谷物。每年春分后飞回北方繁殖，秋分后飞往南方越冬。飞行时排成"一"字或"人"字形。中国常见的有鸿雁、豆雁、白额雁等。

说。民间也有"八月初一雁门开，大雁脚下带霜来"的农谚。

大雁南来北往，飞越重重关山、条条巨川，够得上"不辞劳苦，不迷失方向"了。而且，雁群更是以严格的"组织纪律"著称的：雁在飞翔途中只只按序、井井有条，或成"一"字，或成"人"形，老雁当"领队"，昼夜飞翔。

大雁在飞行时，为什么常常排成"人"字或者斜"一"字形的队形呢？

在迁徙飞行中，大雁排成整齐的行列，或成"一"字长行，或双行相交成"人"字形，这种行列叫做雁阵。"一"字长行的头一只雁，或"人"字双行交叉地方的雁，都是雁阵的领队。雁阵领队都是有经验的老雁。在飞行中，拨云开路的是它，引导方向的是它，视察敌情的还是它。

经科学家研究证明，大雁之所以排成"一"字或"人"字形飞行，是为了在长途迁徙时节省体力。

原来，鸟儿飞行时，翅膀尖端会产生一股向前流动的气流，叫做"尾涡"。后面的鸟如能利用前边鸟的"尾涡"，飞行

▲ 大雁

起来就要省劲得多，而雁飞成"人"字或斜"一"字的队形，正适于对"尾涡"气流的利用。据电子计算机计算，10只雁排成的队形可节省20%的功率；雁只越多，做功越省。同时，这样的队形还有一定的后掠角，其角度等于每只雁的眼睛和它翼梢之间的连线。这个角度既可保持相邻雁之间尽可能小的展向相距，又能够保证相互之间有着良好的视觉联络，以便互相照应，避免掉队。

"群雁远行靠头雁"，头雁是最辛苦的，因为只有它没有"尾涡"气流可利用，飞行时最为疲劳。这就要经常更换头雁。人们看到雁阵时而"人"字形，时而斜"一"字形的变化，就是为了轮换头雁的缘故。

白天大雁集体飞行，夜晚大雁会选择适当地点集体休息。大群的雁虽然在休息，但在四周布置了"哨兵"警卫，一遇到意外情况，守卫的雁先发出警报，整个雁群立即飞起，逃避危险。

经过长途飞行后，大雁最后飞到了风和日暖的热带地区。在那里，它们找到了丰富的昆虫、蠕虫和植物种子作为食物。在春天来的时候，雌雁很快要繁殖后代，而北方夏天日照长，食物丰富，敌害不多，适于雁的繁殖，因此大雁总是迁回北方繁衍和栖息。

似曾相识燕归来

汉乐府中有"翩翩堂前燕，冬藏夏来见"的诗句。这十个字把燕子飞翔的姿态、秋去夏来的候鸟特征表达得非常恰当，充分体现了中国文字的高度概括力。唐朝诗人白居易的一首诗中写道："须臾千来往，犹恐巢中饥。辛勤三十日，母瘦雏渐肥。"更是将母燕育雏的辛劳跃然纸上了。

古人对燕子如此多情，并不是无缘无故的。至今，我国民间还有"燕子来巢，吉祥之兆"的说法。燕子虽然不会预兆什么吉凶，但它确实是捕捉大量害虫，保护农业生产和人类健康的益鸟。

燕子的种类很多，其中最常见的是家燕和雨燕。

雨燕在我国有三种：北京雨燕、白腰雨燕和小白腰雨燕。北京雨燕又称楼燕、野燕、麻燕，体形较家燕略大，羽毛多为黑褐色，翅膀细长，飞时向后弯，形如镰刀。在北方，雨燕夏天常结成大群栖居在城楼或古建筑物上。雨燕脚很细弱，已失去行走能力，只会飞、卧、悬挂或勉强地爬几步。白天，它们几乎一刻不停地飞翔在古建筑物周围或旷地、田间、湖沼水面等处觅食。它们平时喜欢高空飞行，遇阴天或小雨天气，它们往往低飞，甚至擦地面而过，在空中追逐捕食昆虫。它们大部分时间都生活在空中，甚至交配都在空中完成。叫声尖锐嘹亮，边飞边叫，后面拉一长音，尤其在晨昏和暴雨前后会经常听到。巢营在城墙、古塔、庙墙壁上较深的窟窿里。雌雄两鸟共同寻找植物的叶、茎、纤维、破布等，用爪掠取巢材，建造自己的"家园"。每窝产卵 2~3 个。孵卵期均为 21~23 日，由雌雄燕共同轮流孵卵，而晚间多由雌鸟孵卧。雏鸟经双亲捕食喂育一个月后，始飞离巢。北京雨燕完全以昆虫为食。曾从一只衔虫喂雏的成鸟口中就发现了 281 只昆虫，其中有蚊类 3 只、小型蝇类 46 只、蚜虫 22 只、虻类 4 只、蜘蛛 1 只、蜻象 34 只、浮尘子 171 只。所吃的昆虫除少数益虫外，其余均为害虫。因此，在育雏期间，一窝雨燕就能吃掉 25 万条虫子。

家燕从南洋飞返我国，衔泥筑巢以后，雌燕产下 4~5 个卵，接着孵化半个月，雏燕就出生了。一对燕子每年可育雏两次，那时的燕子倍加辛苦，一对燕子喂养一窝小燕子，1 小时至少喂 15 次，每天得喂 180 次，平均每天捉害虫 450~500 只，加

‹‹ 燕子的飞行速度 ››

燕子的飞行速度很快，每秒达 98 米，每当长途迁徙，往往成千上万，合群飞行，每天至少可飞 140 千米。北京常见的雨燕，样子虽然很像家燕，但比家燕大，翅膀更尖长，尾巴却短得多，飞行速度惊人，每小时可达 110~190 千米，是长距离飞行最快的鸟。

上它们自己吃的，总共在 600 只以上。可以算一笔简单的账：一对家燕和它们的两窝雏燕，从 4 月到 9 月，180 天中就能吃掉 50 万~100 万只昆虫，这是多么惊人的数目！燕子吃掉的害虫中主要是蚊蝇、螟蛾、蝼蛄等农业害虫。有人计算过，一只小燕子一天能吃掉蝗虫 540 只，一只燕子一个夏天吃掉的害虫，头尾相接排列起来，足足有 1 千米长！

燕子大量灭虫，对农业生产是一大贡献。一亩玉米以 5000 株计算，如果平均每株玉米有一条虫子，那么一对家燕与它们的雏鸟，就能除掉 200~240 亩玉米田里的虫子。换句话说，一窝家燕的灭虫本领相当于 20~40 个农民喷药治虫的效果。特别是，药物治虫会造成环境污染，不利于人类健康，尤其对农村养蚕、养蜂更为不利。目前世界各国提倡充分利用生物治虫，那么，利用燕子就是一种很有效的生物治虫方法。

燕子不仅是农作物的"天然卫士"，还是相当出色的"天气预报员"。据科技工作者观察，家燕和金腰燕整个夏季都在空中活动，每天工作 12 小时。天气晴朗时，它们飞得特别高，遇到阴雾潮湿的天气，因气压低，湿度大，它们就靠近地面和水面飞行。"燕子低飞蛇过道，大雨不久就来到"的谚语，就是根据家燕和金腰燕的飞行特点总结出来的。

▲ 燕子

家燕是一种典型的候鸟。候鸟就是随季节的变更而迁徙的鸟，如杜鹃、家燕、鸿雁等。家燕有惊人的记忆力，每年返回故居，重入旧巢的比率极高。动物学家做过统计，老燕回旧巢率为 47.1%，头年幼燕回巢率为 16%。有的燕子竟能连续 4 年返回旧巢。所以，每当燕子飞回来时，人们总有一种"似曾相识"的亲切感。

我国自古以来就把燕子的迁飞规律当作物候来指导农事。每年春天，燕子双双夜飞昼息，万里迢迢地从印度半岛、南洋群岛等越冬地飞回我国，向人们报告春的信息。燕子返回旧巢的习惯，早在两千多年前就有记载。据说吴王宫女和晋人傅咸都用剪爪的方法试验并证实过。宋代诗人梅尧臣有咏燕诗："前村春社毕，今日燕来飞。将补旧巢阙，不嫌贫屋归。"歌颂燕子思念旧情的习性。

燕子春来何处，秋天又飞向何方？鸟类学家研究表明，燕子越冬期间，不仅遍及东南亚，而且远达澳洲北部。每年 2 月初它们飞返我国广东，3 月初至福建、江西，中旬就到了长江下游、黄河流域。我国著名科学家竺可桢从 1950 年至 1973 年，长期观察了前门一带燕子来往的时间，找出了规律："北京箭楼燕子成群到来总是在阴历 4 月 21 日前后，即谷雨节左右。"燕子飞返东北就要到 5 月份了。

美味燕窝

在广东怀集县城西南 48 千米桥头区的数百个石灰岩洞中，有一个远近闻名的岩洞，叫"燕岩"。燕岩是个石灰岩溶洞，高 42 米，宽 15 米，长 600 多米，面积约 38000 多平方米，游览路程约 1000 多米。岩洞宽广，气势宏伟，石乳、石笋、石柱比比皆是。千姿百态的怪石，似人物花卉，似飞禽走兽，形象逼真，神态动人。在这个一水横贯东西的岩洞中，有"八仙闹东海"、"将军骑白马"、"狮子上楼台"、"花老猫捉鼠"等 46 个石景。燕岩西面有条"十二洞房"的石廊，深邃异常。洞前开阔，像一个广场，可容纳万余人。

古往今来，不知有多少游人旅客，跋山涉水来到这里，浏览"苍石紫燕两悠悠"的迷人景色。所谓"苍石"，指的是燕岩中的钟乳石；"紫燕"则是指栖居洞中的金丝燕。

金丝燕体长约 18 厘米。上体羽毛呈黑或褐色，有时带蓝色光泽。下体呈灰白色。翼尖而长。足短，淡红色，四趾向前。群栖，食虫。分布于东南亚及太平洋与印度洋的一些岛屿上。其中有些种在较暗的岩石洞中营巢，靠回声定位确定飞行时的回旋路线。

每年春分前后，在南方海岛上度过了严寒冬天的燕群，准时来到这里栖息。它们在燕岩里繁殖后代，休养避暑，直到秋分过后又结队南飞。人们估算过，栖居燕岩的燕子超过 10 万只！

在从春分到秋后的半年时间里，每天早晨，紫燕纷纷迎着霞光出洞，把数十米高的洞口塞得密密麻麻，把洞口的一片天空遮得严严密密。遇上雨天，当地农民说，它们必展翅高飞，张嘴向天，一边吮饮着从空而降的雨水，一边发出呢喃的燕语，奏出一曲美妙动听的"吮水交响乐"。"专喝无源水，不食落地虫"。当地农民经过长期观察，了解到了这群燕子的奇特的生活习性。它们除了喝天上雨水和从岩石上滴下来的山水外，从不饮地面上的水，哪怕是清澈如镜的洞中河水。它们所啄食的虫，也必定是正在天上飞的，对于掉在地上的虫，它们从来不屑一顾。它们专以飞虫为食，便成了当地的一支"除虫队伍"。

金丝燕在除害的同时，还制造了一种美味佳肴、营养佳品——燕窝。那么金丝燕窝是怎么形成的呢？

原来金丝燕的喉部，有一个非常发达的黏液腺体，能分秘大量浓厚而富胶黏性的唾液，金丝燕就以此为筑巢的主要材料。它把从嘴里吐出的黏液堆积和凝固在峻峭的岩洞石壁上，凝成半圆形碗碟状的燕窝，深 2.5~3.5 厘米，内径 5.8 厘米左右。上等雪白的燕窝就是纯粹用唾液凝固而成的。

据说，雪白的燕窝被人们采集后，金丝燕就立刻第二次筑巢，这时金丝燕的唾液已没有第一次多而纯了，它为了使巢门能凝固，就要吃更多的虫子，因此当地农业生产的虫害比其他地方大为减少。

金丝燕苦心经营的燕窝第二次、第三次又被人们采集后，它的唾液更不如前几次了，绒毛也少了，但为了建设一个"小家庭"，它仍艰辛地筑巢。这时它只得去寻觅各种纤细的柔软的植物纤维，然后用尽气力，强行呕吐唾液，致使喉部微血管破裂，再一次把燕窝混拌而成。这时的燕窝血迹斑斑，营养价值大不如以前了，故而经济价值也低了。

世界上许多地方有燕窝出产。据说明朝三保太监郑和下西洋时，曾从马来群岛带回燕窝。现有资料表明，早在唐代，便有人用北婆罗洲所产的燕窝来交换中国所产的瓷器和金属品了。北婆罗洲大尼亚岩洞栖居着约 4 亿只燕子，那里所产燕窝的数量是十分可观的。

我国著名的海南燕，产于海南省万宇县东南方十余千米的大洲岛。大洲岛为众多鸟类世代栖息之地，灰金丝燕为其中之一，该鸟体态轻盈，背灰腹白，带有金丝光泽，翼尖而长，貌不惊人，鸣不动听。但所营窝巢，为高级食用补品，宴席菜肴的名贵原料。该燕属雨燕科金丝燕属，能使用舌下腺分泌的含胶性唾液，或由唾液

《《 燕 窝 》》

　　由雨燕科金丝燕属的几种燕类的唾液，或绒羽混唾液，或纤细海藻、柔软植物纤维混唾液凝结于崖洞等处所成的巢窝。分布于印度、马来群岛一带。为一般食用补品。本品含有含氮物质、蛋白质、氨基己糖及类似黏蛋白的物质等。

▲ 燕窝

与自身绒羽、纤嫩海藻、植物纤维等柔细物质混合，营巢于峭壁岩洞中。窝长约 6~7 厘米，深约 3 厘米，重约 10 克，洁白晶莹状若人身或半月形。每年的 3 月初，灰金丝燕纷纷来筑巢，历时月余完成，渔民总是在清明节后，携绳竿，架轻舟，竖竹梯，探岩洞，攀绝壁，冒生命危险，将燕窝逐个取下。

有情仙鹤"不南归"

　　我国古代的丹顶鹤种类很多，古诗云："云间有数鹤，高翔众鸟稀。"丹顶鹤深受我国人民所喜爱。它常出现在我国古代的诗、画中，多代表长寿的意思，作画者将丹顶鹤布局在松树之上，或者停立在松林旁，天空中挂起初升的太阳。于是白色的仙鹤，绿色的树木，蓝色的天空，红色的太阳，构成一幅十分鲜艳醒目的图画，画上写有"松鹤延年"的题字，表达"祝君长寿"之意。早年民间传说，仙人以丹顶鹤为伴，也含有长寿的说法。所以，人们又叫它"仙鹤"。

　　体态潇洒秀丽的丹顶鹤，是一种大型的珍禽，高达 1.3 米，长约 1.1 米，全身大部分为白色，次级飞羽和三级飞羽为黑色。头顶裸露无羽，呈朱红色。故有"白羽黑翎、丹顶、绿喙"之说。每当它从湖边展翅起飞时，晶莹的水珠自柔软的羽毛上洒下，在霞光的辉映下，好像叠放出许多色彩缤纷的光环，使人产生一种它们就要脱俗羽化的幻觉。由于仙鹤身姿秀丽，修颈长腿，举止优雅，行动有节，所以多为画家所青睐，备受诗人所赞颂。

　　丹顶鹤每年 3~4 月间，从南方飞到东北。这时我国的南方，已是鸟语花香的季节，而北方，气候还很寒冷，有时还飘落鹅毛大雪，覆盖大地，给刚飞回的鹤鸟带来很多困境。丹顶鹤不得不在白雪中啄食刚要发芽的草根，等待着春天的到来。丹顶鹤一般在芦苇丛中营巢产卵，有的用厚厚的一层芦苇垫在 20 厘米左右的浅水中，筑成水中窝巢。一对成鹤一年只孵化两只卵，雌雄轮流孵化，30 天左右便孵化出幼雏。新生出的小鹤 3~4 天就可以跟着成鹤奔走觅食。成鹤以小鱼和一些小型无脊椎动物、甲壳类和蛙类喂养小鹤。雏鹤极易人工驯养。6 个多月后小鹤就可以飞翔在蓝天白云之间了。丹顶鹤寿命较长，能存活五六十年。古诗有"鹤寿千年也未神"的诗句。所以，古今都把它作为美好、长寿和吉祥的象征。北京故宫内"金銮殿"皇帝宝座前，就存留

▲ 丹顶鹤

《《 丹顶鹤 》》

丹顶鹤体长在 1.2 米以上。体羽主要为白色。喉、颊和颈部暗褐色。尾短，喙、颈和跗蹠都长。头顶皮肤裸露，呈朱红色。飞羽黑色，其次级飞羽和三级飞羽形长而弯曲成弓状；两翼折叠时，覆于整个白色短尾上面，每被误以为尾羽。鸣声响亮，飞翔能力强。常涉于近水浅滩，取食鱼、虫、甲壳类以及蛙等，兼食水草和谷类。

一对青铜丹顶鹤。

丹顶鹤本是一种候鸟，一俟冰雪消融，春回大地，它们就成群结队地排成楔形，从南方迁到吉林省的向海和黑龙江省的扎龙等地的自然保护区。在这里完成一年一度的生儿育女、繁衍后代的任务。大约在 10 月中、上旬，再携儿带女飞往江西、江苏、山东等地越冬。近年来在我国扎龙、向海等保护区度夏的仙鹤，由于受到科研人员的精心饲养，居然改变了生活习性，深秋时节不再南归，终于成为那里的"留鸟"。它们以自己飘逸的体态，翩跹的舞姿，点缀着千里冰封的北国风光。

丹顶鹤经常五六成群地聚集在水草和鱼虾丰盛的地方，或到一些浅滩上嬉戏歌舞。潇洒秀丽、高雅圣洁的仙鹤，舞姿优美动人，有的单个起舞，有的三五成群一起欢腾跳跃，尤其在雄鹤求偶时，为吸引雌鹤，摇头舞翼，昂首"亮相"，颇似芭蕾中优美的舞姿。飞翔中的丹顶鹤，似仙女飘逸，又如洁白的丝绸在蓝天中飘舞。所以，古人常以丹顶鹤来形容美貌女子。

仙鹤绝不仅仅是观赏动物，还能给人许多实际好处。据《本草纲目》记载，鹤血能益气补虚，鹤脑令人明目，鹤卵能解病毒，鹤骨入药可滋补身体。

最有趣的是，仙鹤雌雄成对，常在一起，绝不轻易分离。如果一方死去，另一方终生不配，而且常常哀鸣，声调凄惨。东汉蔡邕所著《琴操》中，有一支"别鹤操"，就是借仙鹤分离时的痛苦来抒发恩爱夫妻将要诀别时的凄苦情感。

仙鹤"夫妻"如此恩爱，无非是要齐心协力抚育"儿女"。它们刚刚成婚，便立即搬草筑巢，共同给"儿女"建造安乐窝。然后雌鹤产卵孵化，雄鹤一旁警卫。小鹤出世，它们又你来我往地寻找食物，精心喂养心爱的宝宝。明朝人谢肇淛撰写的《五杂俎》中，记述了这样一个故事：有一对仙鹤在一户人家的院中树梢上筑窝育雏。一次，雄鹤飞走找食，十余天没有返回，大家都认为它一定是不幸遇害了。又过了几天，人们忽然听到雏鹤欢快地鸣叫，便急急走出门来，看到雄鹤从南方飞回，嘴里衔着一根挂满红色果实的树枝，仔细一看，原来是千里以外的广东岭南荔枝！

目前，丹顶鹤的数量不多，全世界不过 2000 只，我国就有 1000 只左右，可以说是我国的特产鸟类。由于它的羽毛可做装饰品，国外需求量较大，因而以往丹顶鹤曾遭受过盲目捕猎的厄运，致使数量逐渐减少。近年来，我国制定了保护野生动物资源的有关法令，丹顶鹤已被列入了一级保护对象。并且已经在黑龙江省扎龙和吉林省向海等地建立了自然保护区，科研人员还成功地实现了人工孵化丹顶鹤。这为提高野鹤的繁殖能力提供了有利条件。

稀世珍禽黑颈鹤

青海省玉树结古镇以西约 70 千米的地方，有一个面积达 6 万多亩的隆宝湖。湖面上碧水如镜，芦苇纵横，生长着许多蛙类和水生昆虫。一年一度，世界著名珍禽黑颈鹤常到这里产卵育雏，给寂静的高原湖泊增添了无限生机。

隆宝湖是黑颈鹤比较集中的繁殖区，海拔 4200 米，气候寒冷多变，日温差在 10℃以上。这里地理环境偏僻，食物丰富，又有较高的芦苇、水草等水生植物作为"生儿育女"的天然屏障。每年的 3 月中旬至 4 月初，黑颈鹤三五成群地从贵州草海、滇西北的纳帕海等越冬地陆续迁来。

黑颈鹤是鹤家族 15 种鹤中唯一的高原鹤类，世界上仅我国特有。除青海省外，西藏南部和四川北部也有它们的繁殖群体，但数量很少，黑颈鹤总计不足 1000 只。《国际鸟类红皮书》和《濒危物种公约》都把它列为急需挽救的濒危动物，我国把它列为一级保护鸟类。它虽然没有丹顶鹤那么漂亮，却也别具风姿：头顶裸露，呈朱红色。全身披着灰白色的羽毛，颈部和尾羽为黑色，抬头昂立时几乎与人齐高。黑颈鹤体躯健美，高颈修趾，被鹤乡人誉为"高脚仙姑"。

黑颈鹤的"结婚仪式"颇为有趣。先是雄鹤在雌鹤面前翩翩起舞，雌鹤羞答答地站在一旁偷视斜顾。雄鹤跳了一阵之后，便停下来引颈高歌。倘若雌鹤有情，就应声伴唱，并跳起欢乐的舞蹈迎接雄鹤的求爱，然后交尾。

黑颈鹤 5 月开始产卵，每窝 1~2 枚。黑颈鹤孵雏是很辛苦的。高原的初夏，一会儿暴风，一会儿雨雪交加。黑颈鹤安静地伏在巢里，一动也不动。孵化时，雄鹤和雌鹤轮流换班。每当一鹤入巢，另一鹤便在附近的芦苇丛中觅食、警戒。这期间，天上的鹰隼，地上的蛇蝎，都

▲ 黑颈鹤

使它们百倍警惕，它们始终不离"产房"卫护着弱小的生命。

经过 32 天的孵化，雏鹤便破壳出世了。出壳后，小鹤便能蹒跚步行。一个星期以后，就可以跟随双亲到浅水滩的草丛中觅食蝌蚪、昆虫和小鱼了。雏鹤特别好斗，亲鸟如不调解，往往是必有一死。加上天敌，雏鹤的夭折率特别高。许多老鹤双双辛苦了一个夏天，到头来竟一子不存。幸存的雏鹤则发育很快，8 月下旬羽翼丰满，即能学习飞翔，10 月初便离开养育它的故乡，随亲鸟迁到南方越冬了。

草海，是黑颈鹤的一处越冬地。它是贵州省最大的天然淡水湖泊，面积为 25 平方千米。野外观察表明，近年来在草海越冬的黑颈鹤每年都有 300 只左右。换句话说，稀世珍禽黑颈鹤有近 1/3 是在草海"避寒"的。

草海的黑颈鹤并不十分怕人。它们常常与放牧的绵羊、牛、马、猪混在一起。人们去赶牲口时，它们最多走远几步，并不惊慌。

鹤类是依赖于湿地环境生存的，有人把它们称为整个湿地生态系统中的"指示物种"，意思是它们对环境变化是极其敏感的。草海过去的面积曾达 45 平方千米，但经过 20 世纪 50 年代、70 年代的两次围垦，草海成了荒滩，到 1975 年黑颈鹤只剩下 30 多只。自 1982 年草海开始重新蓄水后，黑颈鹤及其他水禽、涉禽才慢慢多起来。

黑颈鹤是鹤类中唯一的高原种。近年来，在滇西北的中甸县纳帕海，发现了大群黑颈鹤来这里越冬。此湖在夏季积水满湖，到冬季逐渐干枯，成为一片沼泽。沼泽地面积约 30 平方千米，海拔 3200 米，气候干燥寒冷。那么，黑颈鹤是怎样度过漫长的冬天的？

黑颈鹤在越冬地区的活动，基本是集群活动，有的 3~5 只在一起，也有的 30 多只在一起，偶尔也能看见单个或成双寻食的，但不久又到群体里。集群的大小并不固定，每群的数量也不等。在每天早晨活动之前和在下午黄昏停止活动之后，这两个时间的集群是一天中最大的集群，群的数量有 30 多只，甚至达到几百只，并且隐藏在草丛中或泥塘边。黑颈鹤在越冬栖息地，夜宿或休息时就地而卧，或将头藏在翅下。若栖息地食物丰富，无惊扰，则不远离栖息地，若有惊扰，且食物又不丰富，则早上便飞往他处，寻找食物或躲避敌害，下午黄昏时飞回夜宿地。黑颈鹤在越冬地区的食物，有一种是当地群众叫做"姜包"的草本植物的根部。另一种食物是当地群众称为"茨菇"的，同样也是草本植物的根部，和"姜包"相似。黑颈鹤啄食是用它强有力的嘴，从泥土 6~9 厘米深处把"姜包"或"茨菇"掏出来，或用刚健的脚爪将其刨出地面，然后啄食。因此，在黑颈鹤采食后的地方，常留下一片痕迹。

飘飘欲仙的白鹭

　　白鹭在我国主要见于长江以南和海南岛。在中间地区为夏候鸟，南方大多为留鸟。如果你到安徽皇甫山自然保护区，就会看见数以万计的白鹭在绿林树枝头翩翩起舞，仿佛置身于"松鹤图"中一样，使人陶醉。就在你欣赏这如诗如画的美景时，一只只大白鹭鼓动着双翼落到了身边，只见它们全身披着洁白的羽衣，两只长腿迈着优雅的步伐，同时不住地点头，颈后的冠羽和枕部垂下的两根长翎随风舞动，更使你感觉飘飘欲仙。

　　白鹭不是鹤类，却有着鹤一般飘逸的神韵。因为它的头、背和胸部披着的疏松蓑羽，氄氄如丝，故又名鹭鸶。白鹭全身洁白如雪，惹人喜爱。鹭的生活是有时间规律的。每年北来南迁、筑巢成家、生儿育女的时间相差无几；每天的活动也严格地按着"时间表"进行，这就是所谓的"生物钟"现象。成鹭起早飞往海边或水田觅食，因为潮汐时间每天向后推迟 50 分钟，鹭类每天赴餐也恰好推迟 50 分钟，直到傍晚才准时归巢。白鹭有很强的记忆力，春季飞来总要回到头一年的旧巢里安家，很少发生争巢现象。它还有一种"伉俪之情"，雌雄共同营巢、孵卵和育雏，和衷共济，平等相待。

　　在我国常见的一种鹭类叫苍鹭，南方称"青庄"，北方称"老等"。分布几乎遍布全国各地，多为留鸟。它常常一只脚站在浅水里，缩着脖颈一动不动地静等，甚至几个小时一动不动。如此耐心，究竟在等什么？原来，在等候鱼和其他水生动物丧失警惕，游近身边时，它便像闪电般伸出脖颈，用又长又尖的嘴把它叼住。

　　几年前，人们发现在黑龙江省海林县三道河子边安屯的牡丹江中，有一个鹭岛。该岛呈半月形，南北长大约 500 米，东西宽大约 100 米。鹭岛上灌木丛生，蒿草

▲ 白鹭

《《 白 鹭 》》

白鹭体长约 54 厘米。全身羽毛雪白,生殖期间枕部垂有长翎两根,背和上胸部分披蓬松蓑羽,生殖期后消失。春夏多活动于湖泊岸边或水田中。好群居,主食小鱼等水生动物。在中国主要见于长江以南各地和海南岛。在中部地区为夏候鸟,在南方多为留鸟。

另有中白鹭,体型稍大,长约 56 厘米;大白鹭,体型更大,长约 90 厘米。羽色、习性及经济价值都与小白鹭相似。

过膝。全岛有 37 棵高约 20~30 米的老榆树,其中 20 棵树上筑有鸟巢。全岛共有一百多个巢,有上千只苍鹭在树上栖息。这些苍鹭毫不惧人,昂首挺立排列枝头,好看极了!还不时发出一种低沉的叫声。苍鹭,在动物分类学上隶属鹳形目鹭科。体长 90 厘米左右,体重一千克。上体灰,下体白,嘴长、颈长、腿也长,头顶有两条黑色发辫状羽翎。它们常静立于江河、湖泊岸边、芦苇沼泽地等浅水处,等待捕食鱼、蛙等。

繁殖季节群居,营巢于丛生芦苇、枯树顶端或绝壁岩石上,一巢 3~6 枚卵,卵形大小及颜色似鸭蛋。雌雄共同孵卵育雏,50 天左右幼雏即可离巢。

鹭岛上的苍鹭家族所以兴旺发达,主要归功于边安屯人民多来年的精心保护。这里的群众一直遵守一条不成文的乡规:不采山上石,不伤岛上树,不惊树上鸟,不食巢中蛋。这给苍鹭创造了良好的栖息环境,所以才使其繁衍下来。鹭岛的发现将为研究鹭类的生活习性、种群结构等提供良好的试验基地。

白鹭栖息在苇塘、池塘、水田、沼泽地等潮湿的地方,常成群活动。飞行时,它们的颈收缩成"S"形。营巢于高大的树上或稠密的芦苇丛中。其巢结构简陋,用树枝筑成,有的用芦苇或蒿草筑成。每窝产卵 5~6 枚。卵呈天蓝色,大小为 51.7 毫米×34.0 毫米。雌雄共同营巢,共同孵卵,25 天左右雏鸟出壳。食物以鱼为主,也啄食虾、蛙、甲壳类、软体动物和直翅目、鞘翅目等昆虫。1978 年,皇甫山林场发生了严重的虫害,白鹭和其他的"天兵天将"没有辜负林场职工的养护之恩,及时地消灭了虫灾。多年来,皇甫山的人工林和天然次生林从未发生过虫灾,与这里数量较多的白鹭是分不开的。

大自然孕育、抚养了亿万生命,"赐予"人类优美的环境和丰富的资源。但是,大自然也是"赏罚分明"的。过去的皇甫山是著名的古战场,烽烟滚滚,战火不息,森林全部被烧光,白鹭也扬长而去。直到 1963 年春天,经过 10 年封山育林,久违的白鹭才又飞回来了。白鹭的光临成了皇甫山生态环境质量上升的一个标志。

"两个黄鹂鸣翠柳,一行白鹭上青天。"如果神州处处都能留下白鹭的倩影,那该多好啊!

最稀有的鸟——朱鹮

据共同社 2003 年 10 月 10 日报道，日本本土最后一只野生朱鹮于当天上午在新潟县新穗村死亡。

日本环境省说，当地时间 10 日上午 7 点 20 分左右，这只名为阿舍的雌性朱鹮被发现死于日本佐渡岛朱鹮保护中心。

据估计，阿舍现年 36 岁，相当于人类年龄的 100 岁，是迄今为止世界上寿命最长的朱鹮。据传，阿舍生于 1967 年春，同年九月在新潟县的一片稻田里被发现，1968 年 3 月被送往位于佐渡岛的保护中心。

1952 年日本将朱鹮定为国家自然保护动物，1960 年我国也把朱鹮定为自然保护鸟类，随着日本最后一只朱鹮的死亡，我国成为唯一的朱鹮生存地。

日本环境省说，到 2003 年 8 月 1 日为止，全球野生朱鹮数量估计仅有 280 只左右，全部分布在中国，而人工饲养的朱鹮数量也只有 290 只。

日本环境大臣小池百合子在听到阿舍死去的消息时说："对于这一重要教训，我们将铭记于心，同时还要加大保护野生动物的力度。"

日本环境省已于 2007 年将人工饲养的朱鹮放归自然，希望在 2015 年左右使朱鹮的数量达到 60 只左右。

朱鹮，又叫朱鹭，它是世界上一种极为珍稀的鸟，享有"东方宝石"之称，被世界鸟类协会列为"国际保护鸟"。它过去曾广泛生活在我国、朝鲜、日本和俄罗斯远东地区。现在朝鲜、俄罗斯、日本已绝迹，日本只剩下笼中饲养的几只。

历史上，朱鹮在我国的分布也很广，北自兴凯湖；东到福建、台湾；西至甘肃天水地区；南达海南岛。后来由于供它们栖息的高大树木日益减少，它们的幼鸟不机警，很容易受害，再加上人为破坏的加剧，使朱鹮濒临灭绝的边缘。

1956 年及 1967 年，鸟类

▲ 朱鹮

学家先后在陕西的西安和洋县采到过朱鹮的标本，1964 年 6 月也在甘肃康县采到过标本，以后再也没有听到过有关朱鹮的野外报道。

难道朱鹮绝种了吗？ 1979 年中国科学院动物研究所的科研人员带着这个问题，接受了在国内寻找朱鹮的任务。他们肩负重任，不辞辛苦地跋山涉水，走访群众调查研究，3 年内，跑遍了全国 13 个省份，终于在 1981 年 5 月 21 日于陕西省的洋县境内，发现了 1 只雌鸟和 3 只幼鸟。其中有一只幼鸟从树上掉下，为了让广大人民能亲眼见到这种珍贵的鸟类，科研人员在当地的艰苦条件下，精心喂活了这只幼鸟，并将它带回首都，交给了北京动物园，供广大游客观赏。

朱鹮长喙、凤冠、赤颊，浑身羽毛白中夹红，颈部披有下垂的长柳叶型羽毛。个体较大，雄鸟的体重是 1.7~1.9 千克，体长 78~79 厘米；雌鸟个体较小，体重只有 1.5 千克，体长 68 厘米。它平时栖息在高大的乔木上，觅食时才飞到水田、沼泽地和山区溪流处，以捕捉蝗虫、青蛙、小鱼、田螺和泥鳅等为生。朱鹮天敌很多，乌鸦和青鼬常来争巢毁蛋，伤害幼鸟，所以它对巢区的选择非常严格。

朱鹮 4 月下旬开始营巢，巢筑在高大的栗树、白杨树或松树的巨大树枝上，离地约 5~10 米。巢为一些枯蔓及树枝做成的皿形构造，外径 55~75 厘米。一株树上有时筑两个巢。朱鹮性温顺，种内无争巢区的现象。夏季柳荫深处朱鹮飞舞，别有风趣。朱鹮在遇有喜鹊或猛禽临近时，发出"哦……哦……"的鸣声，且飞且鸣，直至入侵的不速之客离去，才逐渐恢复平静。

5 月，雌鸟产卵 2~3 枚，有时 4 枚，卵色为淡青绿色，其上密布许多深褐色的细斑点及一些不规则的块状褐色斑。孵卵期约一个月，刚孵出的雏鸟的体羽为灰色，以后换羽变白色。6 月底幼鸟逐渐成长。幼鸟长大后开始在巢畔展翅练习飞翔。此时远望枝头，几乎难以辨认孰老孰幼。在亲鸟喂食时，可以看出幼鸟明显呈现出灰白色，不如亲鸟之红白艳丽。之后不久，幼鸟就能独自外出寻找食物了。

《 朱 鹮 》

朱鹮雄鸟体长近 80 厘米，雌鸟稍小。全身羽毛白色，但上、下体的羽毛、羽茎以及飞羽都有红色渲染；初级飞羽渲染之色较浓。颈顶部有若干延长而下垂的柳叶形羽毛。额、眼周、头顶以及上、下嘴基部周围均裸露，呈橙朱红色。虹膜橙色。嘴黑色，于尖端及下嘴基部红色。跗蹠及裸露的下胫呈亮红色。活动于水田、沼泽地及山区溪流附近。平时栖止于高大乔木上，觅食时方飞下。以蟹、蛙、小鱼、田螺及其他软体动物、甲虫等为食。仅产于中国、日本及俄罗斯。原于秋季迁中国南部及海南岛等地越冬，春抵长江下游、华北、东北以及俄罗斯西伯利亚、日本等地繁殖。现已极为珍稀。

美丽的羽族"天使"——孔雀

每当春末夏初，在公园里饲养的雄孔雀，会展开它那五颜六色的尾屏，翩翩起舞，常吸引不少游人。面对着围观人的花色服装，它还要不住地用力抖动尾屏，刷刷作响，使游人眼花缭乱，借以炫耀自己的美丽。其实，孔雀开屏并不是同人们比美，而是孔雀在交尾期的一种现象——雄孔雀张开自己的尾屏，只是在雌孔雀面前显示自己的美丽罢了。而孔雀在交尾期间隔不长时间就开屏一次。所以说，它看见穿花衣服的人就开屏，纯粹是一种无意识的巧合罢了。

这里值得说明的是，孔雀的尾屏并不是"尾羽"，而是尾上覆羽所形成的。鸟类的尾羽是生长在尾椎骨末端所愈合成的尾缘骨上，而尾上覆羽位于腰部之后，覆于尾羽的基部。可以说，所有鸟类的尾羽都比尾上覆羽长，唯独雄孔雀的尾上覆羽远远长于尾羽，一般在1米左右，最长者可达1.5米，特称尾屏。

据观察研究，雄孔雀的绚丽羽毛是吸引雌孔雀注意而特有的武器。每当开屏的时候，就像展开一把大大的花羽扇，而且还微微抖动，相互摩擦而发出沙沙声，真是美丽动人。雌孔雀的羽毛比雄孔雀逊色很多，它全身羽毛大都是灰褐色，并点缀着不规则的暗灰色斑纹，显得朴实无华。

近年来，鸟类学家对五百多种鸟类进行分析，认为行动机警、善于逃避敌害的鸟类，其羽色艳丽也有一种警戒作用。例如，雄孔雀尾巴上覆羽像裙带一般，排列整齐，长得很长，成为"羽屏"，由两百多根彩虹般的羽毛组成，每根羽毛上都有鲜艳明亮的"眼睛"。羽旁分披着全绿色丝状的小羽枝，正如锦旗边上的缨穗，华丽夺目。意大利人形容它是"天使的羽毛"。特别是椭圆形的"眼状斑"，其中央为暗紫蓝色，外围有光亮的蓝绿色，再外圈是黄铜色，它的外缘又有暗褐色和线黄色的窄边，最

▲ 孔雀

《》 孔 雀 《》

中国产的为绿孔雀。雄鸟体长约 2.2 米（包括尾屏长）。羽毛绚烂，以翠绿、亮绿、青蓝、紫褐等色为主，多带金属光泽。尾上覆羽延成尾屏，上具五色金翠钱纹，开屏时尤为艳丽。雌鸟无尾屏，羽色也较逊色。多栖于山脚一带溪河沿岸或农田附近。以种子、浆果等为食，也吃蟋蟀、蚱蜢及小蛾等。春夏间一雄配数雌，连同幼鸟结群活动；秋冬时群集更大。在中国仅见于云南西南部和南部。为留鸟。

外围是浅葡萄红色。

孔雀的主要敌害是灵猫。它是一种比猫大一些的哺乳动物，性凶暴，有时偷袭家禽，也捕食鼠、鸟、蛙、蛇、蟹、昆虫等。孔雀机警，一旦与灵猫狭路相逢，避之不及，便突然"开屏"，尾屏上显示出众多色彩斑斓的"眼状斑"。灵猫一见这种"多眼怪物"，稍一迟疑，孔雀立即收起尾屏，健步疾驰，逃之夭夭。等灵猫寻思过味来，孔雀早已跑得无影无踪了。

全世界的孔雀只有绿孔雀和蓝孔雀两种，是著名的观赏鸟。它们的羽毛色彩斑斓，可与传说中的凤凰媲美。我国只有绿孔雀一种，仅分布在云南省的南部。它们或是一雄一雌，或者是 3~5 只雌鸟（有时包括幼鸟在内）追随一只雄鸟一起活动。它们性情胆怯，很少单独活动；不善飞行，若遇到危险时，便迈开强健的双脚急速逃走，隐蔽在密林之中。清晨和黄昏是它们觅食的时间，多在 2000 米以下靠近溪河沿岸空旷的地方觅食。天刚亮，就在溪边和树林中饮水取食，多以种子、浆果等为食，也吃蟋蟀、蚱蜢及小蛾等。中午天气炎热时便躲进丛林之中，下午日落前又一次觅食，还不断地鸣叫。它们过夜有固定场所，通常在一棵可以放置尾屏的大树上休息。

春夏季节是孔雀的繁殖期，这时它们的羽毛更加丰满美丽。雄孔雀常把尾屏展开，人称"孔雀开屏"，围绕在雌孔雀身边，展示自己的美丽以求得雌鸟的欢心，从而达到交配的目的。"开屏"多在清晨，一天可有 4~5 次，每次大约有 10~15 分钟。

孔雀的巢非常简单，在郁密的灌木丛中，用爪在地上刨成一个凹形，内垫些杂草如落叶等物。雌孔雀每隔 1~2 日产卵 1 枚，每窝 5~6 枚。卵呈椭圆形，由雌孔雀独自担任孵化任务，孵化期约 4 周，幼雏出壳时，全身长有黄褐色绒毛。在人工饲养条件下，每年可产卵 6~40 枚，经人工孵化或用家鸡代孵，幼雏长到 20~24 个月便能产卵繁殖，而雄孔雀要长出美丽的尾屏来，则需要 30 个月的时间。在动物园里的孔雀可活到 20~25 年。

孔雀除供观赏外，其羽毛用处很多，古人用来编织扇子和衣裳。帝王用来编织成车盖，民间用来做帽饰。现代的人们把它当做装饰品。绿孔雀在自然界中数量稀少，属国家一级保护动物。

驯　鹰

　　满族的先民，无论是秦以前的肃慎，汉至南朝的挹娄、勿吉，还是隋唐时的靺鞨，辽至明的女真，其生活的地域都是人烟稀少、地处边际的东北地区。这里气候寒冷。原始大森林带横亘在大小兴安岭和长白山区，更使这一地域显得格外萧条。满族的先民就在这种极为恶劣的自然环境下生息、繁衍着。鹰和雕的驯养也最早在这里开始。

　　养鹰是满族先民的重要经济活动之一。由于崇尚骑射及射猎的需要，养鹰驯鹰也成为习性。鹰是靺鞨人最喜爱的鸟。他们向唐朝进贡，鹰是必不可少的贡品之一。天宝十二年（753年），靺鞨人向唐朝进贡，献了日本舞女11人，同时又献了鹰，可见对鹰是十分珍视的。正因为如此，靺鞨人养鹰驯鹰便习以为俗了。

　　女真人善养雕。其中有一种良雕，称作海东青，经过驯化后可成为珍贵的狩猎工具。女真人用树皮作哨子，用吹哨的方法把鹿引来捕捉，这时海东青就直扑向前，帮助主人擒往猎物。辽代时，契丹统治者经常向女真征收海东青，契丹皇帝用海东青来捕捉天鹅。最初，女真人定期纳海东青，后来契丹统治者在女真居住地强索不去，成为女真人的一大害，如果交不足数，要受到处死的惩罚，因而激起女真人的反抗。金、元时，海东青仍是女真人驯养的主要珍禽。清入关之前，满族人也驯养海东青，并作为皇帝捕猎的必备工具，此风清入关后仍延续。

　　精骑善射，崇尚武功，一直是我国古代满族的习俗之一。狩猎不仅是对每个满族成年男子的基本要求，而且部落首领也规定他的臣民做到精骑善射。努尔哈赤在统一满族各部落的过程中，经常率领皇太极诸贝勒和大臣们举行围猎。据说在征讨林丹汗途中缺粮，皇太极和将士们一起以射猎为生，他连发数矢，有一矢竟贯射两只黄羊，可见其射猎水平之高超。

　　满族的狩猎，人数较少，三天五日的叫打"小围"；人数众多，时间较长的叫打"大

▲ 驯鹰

围"。也有打"季节围"的，如叶赫部落主要是这种方式，一般在数九隆冬的雪天打野鸡围，当日往返。在狩猎中，他们极能吃苦，风餐露宿，往往是炒面就水充饥。他们打围时，总忘不了携带着他们的好帮手——鹰或海东青。

时至今日，有些地方的满族人仍保留着养鹰的习俗。吉林省吉林市昌邑区工城子乡，就有个"鹰屯"。这个屯子仅有四五十户人家，却都保留着满族人沿袭了几百年的养鹰习俗。这里古称"打鱼楼村"——公元1663年清太祖努尔哈赤命名。满族民谚云："二八月，过黄鹰。"每年秋末，生活在俄罗斯堪察加半岛上的鹰飞到我国东北越冬，就落脚在打渔楼村后面的大山上。

《《 苍 鹰 》》

鹰，一般指鹰属的各种鸟类。如苍鹰、雀鹰等。苍鹰雄鸟体长约50厘米。除头部全为黑色外，上体其余部分主要为苍灰色。下体灰白，并密布暗灰色横斑和近黑色羽干纹。雌鸟羽毛近似雄鸟，但体型较大。栖息山森。捕食野兔、野鼠及鹑类等。幼鸟经驯养可供狩猎用。在俄罗斯西伯利亚及中国东北、新疆西部天山繁殖，冬季见于南方。

"鹰屯"现有鹰把头近20名，如今最老的鹰把头已100岁高龄。说起熬鹰，鹰把头赵明则滔滔不绝："鹰把头把啥，就是把它那口食，鹰下山时，要是胖，就叫顶膘，你一摸它瘦，就叫溜膘。鹰气性大，要驯它，务必等到它开食。顶膘的话，就七八天开食，溜膘得两三天开食。开了食，就把它拴在扛上。它有野性，怕人。你把它架在胳膊上，食放在手上，这叫手食，是基本功；手食驯完了，再增加点功夫，过拳——把鹰放在鹰杵子上，两尺来远，你就拿肉招呼它'这，这'，它就蹦上来，今天1米，明天2米，越来越远；20米时，你驯它跑绳，这时你得熬它，让它睡觉最早也得晚上九点半，凌晨两点务必起来。开驯了，就要不遗余力，起早贪黑，8天务必拿下，要是架了又停，就'面生了'，等跑绳50米了，召唤就来，这时就要勒食了，也就是用麻秩子，卷上肉片，给它少吃。手功到了，膘合适了，就成了。"

今天"鹰屯"的人们，维持生计早已不再靠鹰狩猎，但他们仍痴迷于围鹰、熬鹰、放鹰。临近冬天，男人们上山"围鹰"，带回家后熬鹰，待它驯服后，就带上山围猎。冬去春来，又把和他们朝夕相处一冬的鹰放归大自然。

鹰是一种猛禽，也是鸟类中飞行最优秀的选手。人们常以"雄鹰展翅、鹏程万里"来形容鹰的飞翔能力。诗人有诗赞颂说，"鹰击长空，鱼翔浅底，万类霜天竞自由"，这是多么祥和的世界啊！

鹰有一双宽大的翅膀，喜欢在晴朗的高空盘旋飞翔，并不时发出长啸。雄鹰用尖锐的叫声寻找伴侣，如果雌鹰有回应，它们就会用爪子相互钩住对方，像车轮一样，不断在空中翻转飞舞，仿佛跳伞运动员们在空中翻滚表演一样，好看极了！

像雄鹰一样飞翔

　　游隼性情凶猛，飞行迅速，主要以鸟类为食，且大都在空中猎捕。捕捉的场面惊险动人。只见它快速追上飞跑的猎物，立即用脚掌猛烈打击，如果打不中或不能使猎物致死，就卷土重来，迅速上升到猎物的上方，突然俯冲下去，重新打击，直至将猎物击毙抓获。就在游隼俯冲的刹那，其时速可达 360 千米，为鸟类短距离飞行最高纪录。它极其凶猛，有时竟能杀害比它还大的野鸭。

　　游隼是候鸟，北方把它叫做"花梨鹰"、"鸭鹘"、"鸭虎"；南方叫它"黑背花梨鹘"。体羽的黑纹十分明显。常单独活动在农田、河谷、草地的开阔地区。营巢多在人迹难以到达的悬崖绝壁缝隙中，巢内铺垫些草茎和羽毛。3 月下旬开始产卵，一窝产 3~4 枚，为黄白色，并有红褐色及黄褐色斑点和斑纹。雌雄共同孵卵，但以雌鸟为主。孵卵期为 28 天。雏鸟在巢内经一个多月的喂育后，方能离巢。

　　游隼除捕食鸟类外，还捕食一些鼠类。它经过驯养后，可成为一种极好的猎隼，成为猎人的好帮手。苍鹰短距离飞行更快，时速达 600 多千米。秃鹰常常在 7000 米的高空自由飞翔。有的雄鹰还可以轻而易举地飞越珠穆朗玛峰。1973 年 11 月 29 日，一只秃鹫在非洲西部科特迪瓦的阿比让上空与一架商业飞机相撞。当时这架飞机正处于海拔 11277.6 米这一高度。大秃鹫的撞击毁坏了这架飞机的一部发动机，致使其停止工作，不过飞机却安全着陆没有造成更严重的恶果。

　　当你看到盘旋在高空的雄鹰，凭着一对有力的翅膀，时而俯冲，时而滑翔，多么矫健自如啊！像雄鹰一样飞翔，这是人们自古以来的美好愿望。

　　在王莽时代，有一个"插翼人"，他为了深入敌营进行侦察，曾在身上装上一对大鸟的翅膀，头部和身上插上大鸟的羽毛，结果他在空中滑翔了几百米远。

▲ 雄鹰展翅飞翔

很久很久以前，挪威有两兄弟，哥哥叫韦兰德，弟弟叫爱尔格。他们在仔细研究了鸟类的飞行方法和羽毛结构后，终于制作成功一架羽毛飞机。两兄弟把"飞机"带到了高山上，由弟弟试飞。爱尔格上天后，由于没有办法控制飞机，最终摔死在悬崖峭壁下。

那么，为什么鸟儿能飞上蓝天，而人却不能飞上去呢？

原来，鸟儿的体型是流线型的，飞行阻力小。鸟儿的骨头中间是空的，比兽类骨头要轻得多，这也是它们能飞行而兽类不能飞行的原因。鸟儿发达的胸肌被称作是"天然发动机"，它占体重的 1/3，这个"天然发动机"的功率是相当可观的。比如，一只鸽子约重 340 克，实际发出的总功率约为 18.8 瓦，折合每千克体重约为 55.1 瓦。

而人呢？人的体形不是流线型，骨骼又不是空的，因而很重。人的肌肉分散在全身各部分，臂肌和胸肌不是很发达。如果一个人想飞起来的话，他的胸肌和臂肌必须达到 15 千克以上，并且胸骨也要向外突出 1 米。即便如此，人还是无法飞行。因为人体"肌肉发动机"的功率仅相当于一只小鸽子的 1/10～1/4。因此，人即使插上两对翅膀，也是无法飞起来的。

人类虽然不能直接像鸟儿那样飞翔，但可以借助飞行器飞上蓝天。

1896 年，德国的滑翔飞行家里林达尔在试飞中遇难，这大大激发了美国人莱特兄弟对飞机的兴趣。兄弟俩尽一切可能搜集有关飞行的书籍，开始研制滑翔机。

最初的滑翔机升力很小，反复的实践使莱特兄弟找到了机翼形状与空气流动的关系。他们试制了 200 多个机翼模型，终于解决了如何保持飞行平衡的许多问题。1902 年，30 岁的弟弟奥维尔·莱特和 35 岁的哥哥威尔伯·莱特设计制造了 12 米长、300 千克重、装有十几马力的内燃机动力飞机"飞行者"1 号。1903 年 12 月 17 日，这架木架双层帆布机翼的螺旋桨飞机在北卡罗来纳州的沙丘山首次试飞。奥维尔架着它飞行了 12 秒，距离为 37 米。当时，只有 5 个人看到了这次飞行。这一天兄弟俩轮换飞行了 4 次，最高的纪录是用时 59 秒飞了 287 米。

莱特兄弟的这次飞行，许多人起初并不相信，美国政府也不重视，倒是法国人对他们的成就做出了正确的评价，引起其他一些国家正在探索动力飞行的同行们的注意。1908 年，莱特兄弟签约制造美国第一架军用飞机。1911 年，质轻、强度大的硬铝机身的飞机研制成功，使航空工业又有了一次突破。

《《 游 隼 》》

游隼雄鸟体长约 40 厘米。头部及颈侧羽毛色黑、微蓝，并各贯以黑纹。上体其余部分主要为灰蓝色。下体色白而缀有黑斑。性凶猛，飞行迅速，捕食野鸭等，故亦称"鸭虎"。在东北北部至华北为旅鸟；在长江以南至广东为冬候鸟。

清道夫——坐山雕

秃鹫虽属猛禽，可缺乏鹰、雕那样捕捉活食的能耐，它的爪子不够锐利，偶尔捕得一只野兔也难以维持生命，只得饥不择食，用动物的尸体充饥。食尸时，腐臭的内脏难免污染头颈部的羽毛，且此处羽毛不易清理，久而久之，它的头和颈仅留少许灰白色的短绒羽，形成了如今的怪模样。

在广阔的天际，要觅得一具动物尸体，必须具备强大的飞翔能力和敏锐的视力。在数千米的高空，当窥视到食物，还需定点降落得十分准确，才能狼吞虎咽地饱餐一顿。若是大型腐尸，尚可果腹数日，不再离开。就动物尸体来说，有自然衰老而死，也有疫病流行而亡的，秃鹫全然不顾这些，一概吞食。由于长期以食尸体为生，它的体内产生了某些特殊的抗菌体。秃鹫犹如一座流动的"化尸站"，它为保持自然界环境而默默无闻地忠于职守，从而获得人们授予它的"自然界的收尸者"、"清道夫"的美名。

秃鹫生命力强大，能适应恶劣的自然环境。动物园的猛禽笼，既无遮阴，又无防寒的设施。夏天，烈日当空，伏暑难耐；冬日，朔风猛吹，滴水成冰；还有那狂风暴雨，寒风凛冽的暴风雪，它都能对付。秃鹫被饲养在条件比自然界还差的笼内，年复一年地生活着，有的已度过二十多年，有的还做窝下过蛋。

我们知道，绝大多数迁徙鸟类的飞行高度较低，一般低于 92 米，只有极少数鸟飞行高度超过 900 米。

不过，一只拉佩尔氏大秃鹫，在 1973 年 11 月 29 日却创造了 11277.6 米的飞行高度。

秃鹫善吃动物尸体，只要地上有腐尸臭味，即使在十几千米以外，它也能闻到。人们便利用它来探测泄漏的天然气管道，成为"天然气管道'探伤仪'"。

▲ 秃鹰

长长的天然气管线埋在至少五六米深的地下，如果哪个环节有裂纹漏气，再遇到雷雨天气，就有发生爆炸起火的危险，所以人们不得不使用各种仪器仪表在地面上巡逻探测地下掩埋的管道。当人们知道了秃鹫的神奇嗅觉功能后，就在天然气中加入微量的具有尸臭味道而又无害环境的化学药剂，如果哪个地方的地下输气管道有微微泄漏，秃鹫很远就能嗅到，便围着漏气的地方盘旋不止。人们发现这一信息后，再用精密仪器找出具体位置，便能杜绝事故的发生。

然而，秃鹫的命运令人担忧。

秃鹫原本是印度一道不可少的风景线。印度的秃鹫如此之多，鸟类学家们甚至从没有想过要知道它们的数量。

现在，提倡保护自然资源的人士警告说，秃鹫数量正在急剧减少，而元凶就是一种给牛治病的药。"双氯芬酸"是一种价格低廉的兽用止痛药，但对于秃鹫来说却是致命的毒药。野生动植物学家对印度政府的做法颇为不满，虽然政府已经对这种兽药下了禁令，但却执行不力。近十年来，这种兽药导致印度秃鹫的数量减少了 97%，从 12 年前的 2000 万～4000 万只锐减到现在的区区几千只。印度正面临一场空前的生态灾难。

> 《《 秃 鹫 》》
>
> 秃鹫，也叫"坐山雕"。大型猛禽，体长约 1.2 米。体羽主要呈黑褐色，飞羽和尾部更黑，领部羽毛淡褐而近白色。头被绒羽，颈后有部分裸秃。栖息高山，嗜食鸟兽等尸体。终年留居中国西部山地，偶见于东部。

过去，阳光灿烂的夏天，在新德里北部的蒂默尔布尔垃圾场上空，经常有数以百计的秃鹫在盘旋，遮天蔽日寻找动物尸体。科学家认为，在 20 世纪 80 年代后期，该垃圾场附近还居住着 3000 多只秃鹫。如此之多沉重又笨拙的大鸟盘旋空中，使得在德里机场起飞降落的飞行员们总是担心秃鹫会钻进飞机的引擎。

曾经在这个垃圾场剥死牛皮的工人回忆，他必须奋力地拨开蜂拥而至的秃鹫才能顺利地完成工作。对于外地观光客来说，在红堡壁垒上筑窝的秃鹫已成为德里的标志性景观。可是现在，人们在蒂默尔布尔垃圾场或德里的历史性建筑附近却再也看不到秃鹫了。

由于秃鹫原来数量巨大，因此多年来，无人注意到它们的数量在急剧减少。直到 1995 年，人们才开始纳闷：秃鹫到底怎么了？1997 年，秃鹫数量已经明显减少，动物保护组织才向人们发出了警告。现在，秃鹫已被世界自然保护组织列为"严重危机"级别——即在不久的将来最有可能上升为濒临灭绝的物种等级。

出生不久即能跳水的鸟

　　1979 年 9 月初，国际生物圈组织一位专门研究鸭的美国专家应邀访问长白山，在乘火车时，他猛然看见路边的水泡里有一只鸭子在浮游。他暗想，全世界有鸭子 270 种，我已经见过 268 种了，这一种怎么如此陌生？晚上他在宾馆拿出一张纸画出那只鸭子的形态，由翻译拿给一位鸟类研究者看。那人一眼便认出来：这是长白山的中华秋沙鸭呀！可惜，这种鸭的孵化期已过，很难看到了。美国专家只能在长白山博物馆看到这种鸭的标本。他高兴地拍了 11 张照片，并骄傲地说："这是我在世界上见到的第 269 种鸭子！"

　　2004 年 4 月，集安市一位摄影爱好者在采风时，意外地发现了鸭绿江畔有几对形态特别的野鸭子。与常见的绿头鸭、奇麻鸭、斑嘴鸭等不同的是，这几对野鸭子体形相对小一些，体长在 60 厘米左右，其中有的鸭子头上有冠羽，羽毛色泽鲜艳。他进行了跟踪拍摄和录像。后经有关部门确认，该种野鸭为珍稀候鸟——中华秋沙鸭。

　　据史料记载，英国人曾在 1864 年从我国采到一个雄性幼鸭标本，定名为"中华秋沙鸭"，打这以后，世界各大博物馆都以能拥有一个中华秋沙鸭的标本而自豪。

　　中华秋沙鸭对生存环境的要求比较苛刻，一段时间以来，由于生态环境的变化，中华秋沙鸭的数量日益减少。20 世纪 80 年代，我国有关部门曾在全国范围内搜寻中华秋沙鸭，以便采取有力的保护措施。

　　这次在集安境内发现的中华秋沙鸭共 11 只，四雄七雌，这是有记载以来第一次在集安境内发现中华秋沙鸭。据专家分析，中华秋沙鸭的出现，是集安市对湿地环境保护和鸭绿江水域治理的结果。目前，全球仅存中华秋沙鸭 1000 只左右，属国家一级保护动物，已被列入《国际濒危物种红皮书》和《国际鸟类保护委员会濒危动物名录》。

▲ 中华秋沙鸭

中华秋沙鸭，体形稍小于绿头鸭。体长 584~650 毫米，翅长 216~248 毫米，鼻孔位于嘴峰中部。冠羽长，而成双冠状。雄鸭头和上背均黑，下背、腰与尾上覆羽均为白色。翅上具白色翼镜。下体白，体侧有黑色鳞状斑。雌鸟的头棕褐，上体蓝褐，下体白色。雄性成鸟嘴和跗蹠淡银朱色；雌性成鸟嘴红色或暗红色，嘴峰黑色，尖端淡蓝色，跗蹠橙红色。

中华秋沙鸭活动于阔叶林或针阔混交林密布的溪流、河谷、草甸、水塘及草地等处，平时很机警，稍有惊动就昂首缩颈不动，随即起飞或急剧游至隐蔽处。经常三五只在一起活动，有时和鸳鸯混在一起。善于潜水，觅食多在溪流深水处，捕食鱼类，捕到鱼后先衔出水面后吞食，此外也捕食蛾类和蚶虫等。营巢于高大老龄天然树洞中，洞内直径 27 厘米，洞口为 20 厘米×9 厘米；距地面 11 米。巢内垫以木屑，上覆盖着绒羽，并混有少量羽毛和青草叶。每窝产 4 枚卵，为长椭圆形，浅灰蓝色，遍布不规则锈斑，在卵的锐端较大而明显。11 枚卵重量平均

《 秋沙鸭 》

秋沙鸭是秋沙鸭属各种的通称。喙狭长而尖锐，端部下曲，弯作钩状。善于潜泳啄取鱼类；有时也吃水生昆虫及其幼虫。体型因种而异；羽毛变化也多。在中国大多于长江流域更南地区越冬，而在北方繁殖。如普通秋沙鸭体长在 60 厘米以上。另种中华秋沙鸭，为国家一级保护动物。

为 57.2 克，大小为 62.5~65.3 毫米×45.0~47.2 毫米。孵卵由雌鸟单独进行，约经 28 天出雏。雏鸟出巢是颇有情趣的。出巢前，亲鸟先站在距地面十几米高的树洞向四周张望，当确定周围没有危险时，亲鸟才"嘎嘎"地低叫几声从洞中飞出，直接落于洞下面的水中。过一会儿，雏鸟才一个个爬出洞口，然后一个接一个地从树洞中飘落下来。下落时，雏鸟头颈伸直、两翅展开，虽不具飞翔能力，但靠头尾和两翅的平衡作用，都能较平稳地落入水中。此时的幼鸟不仅能游泳，还能独立寻食，且警觉性极高，一遇危险即像箭似的逆流而上，匿藏于河边倒木下或草丛中，使人很难发现。因此，人们称中华秋沙鸭是出生不久即能跳水的鸟。

雏鸟出巢后，一般都是整个家族一起活动。它的繁殖区域在我国东北伊敏河、镜泊湖、小兴安岭、长白山区，冬季迁往川、鄂、湘、贵、粤等地越冬。除 1934 年苏联鸟类学家巴图林得到过一只秋沙鸭幼鸟并进行一番描述外，其他并无资料记载。

吉林省鸟类专家于 1976~1978 年连续三年时间对中华秋沙鸭的生态进行了全面细致的考察研究，积累了丰富的第一手资料，并在《动物学报》上发表了科学论文，引起了国内外生物学家的极大兴趣。

中华秋沙鸭属候鸟，每年 9 月中旬南迁，翌年 4 月又迁到北方繁殖。

国宝褐马鸡

提起动物中的"国宝"，人们往往先想到异常珍稀的大熊猫。其实，至今尚不为多数人所知的珍禽褐马鸡，也是名副其实的"国宝"呢！

中国成语"飞禽走兽"。禽是指鸟，兽是泛指除人以外的动物。"飞禽走兽"从科学上讲，并不科学，因为既有像蝙蝠那样的飞兽，也有像鸵鸟那样的走禽。褐马鸡则是善于在密林中和峭壁悬崖上奔跑的稀世珍禽。

褐马鸡生活于河北西北部和山西北部海拔 1300~2000 米的深山里，是我国独有的鸟类。由于数量稀少，所以就更加珍贵，被列为国家一级保护动物。

褐马鸡的雄鸟和雌鸟外表没有明显区别。全身羽毛大都呈淡褐色。它身后的两簇白色羽毛向头后伸出，好像两个犄角一样。它的尾巴高高翘起，羽毛大都披散下垂，就像蓬松的马尾，故得名"马鸡"。褐马鸡骁勇善斗，有种"斗死不却"的拼命精神。因此，人们又把它视为勇敢、顽强的象征。褐马鸡古称"鹖"。关于褐马鸡的好斗精神，历史上有所记载。如张辑对《文选·司马相如》（《上林赋》）中的"蒙鹖苏"注道："鹖似雉，斗死不却。"在汉代，皇室把装饰着褐马鸡羽毛的帽子，称作"鹖冠"，赐给武将。这种做法一直延续到清代。清时不叫"鹖冠"，而叫"翎子"。

"鹖冠"也好，"翎子"也罢，都是统治者激励武将学习褐马鸡天性好斗的拼命精神。这说明远在两千年前，褐马鸡已经引起人们的注意并加以利用了。

每年 4 月底 5 月初的山西小五台山，依然寒风凛冽，有时甚至风雪交加。可是褐马鸡已经预感到春天就要来临，开始了一年一度的争偶——雄鸟之间为争夺配偶进行搏斗。获胜了的雄鸟与雌鸟形影不离，白天一同在地上刨食橡子、松子或昆虫，晚间则双双栖息在树上。褐马鸡飞行能力较差，遇到敌害时，

▲ 褐马鸡

总是发出惊叫声，急速地往高处奔跑，到了山顶或大石头上时，再急促地拍打几下翅膀向对面山坡或山下滑翔。不久，就可以在山下听到它们发出"咕、咕、咕"的召唤声了。然后，非常警惕地沿着较隐蔽的地方互相靠拢。

5月底6月初，一对对褐马鸡便开始忙于生儿育女了。它们先在密林深处的岩洞里、大树下，或者在乱树丛中营造非常简陋的巢，产下9~14枚卵。然后，雌鸟开始孵卵，雄鸟在周围警戒，保卫家园。孵卵期间，不论刮风下雨，雌鸟总是坚守岗位，一动不动。每天仅离巢采食一次，离巢时间通常不超过半小时。有趣的是，雌鸟离巢前，总是先坐立不安，左右摆动身体，伸长脖子观察周围的情况，并用脚拨动身下的卵，然后站起，非常谨慎地轻轻地走出巢，生怕碰坏卵，并从巢周围叼回几根小草、细枝或树叶放在卵上后才放心离去。

孵化25~26天后，小褐马鸡破壳问世了。大约经过几个小时，雏鸟的绒羽干了，便睁开眼睛，随亲鸟弃巢而走。

抚育雏鸟是双亲的职责。成鸟带领儿女边走边觅食，它们用嘴翻动厚厚的落叶层，找出蚂蚁卵、金龟子幼虫、小蜘蛛等，然后叼起放下，重复几次给雏鸟做"示范"。小鸟很快就学会了。在静静的山林中，褐马鸡走动、翻动枯树叶和呼唤小鸟的"咕咕"声，甚至几十米外都能听到，所以人们不难找到它们。一旦发现敌人，成鸟立即发出惊叫声，小鸟听到叫声

《 褐马鸡沙浴 》

褐马鸡有进行沙浴的习性。这是它在进化过程中逐步形成的一种适应性行为，是其生理活动不可缺少的一个部分。褐马鸡在不同的季节里，有不同的沙浴目的和表现形式。比如在冬季，到中午，它们多数卧地刨土沙浴，侧身躺卧晒太阳。如无干扰，午休时沙浴可达2小时，悠然自得。

后，马上四处奔跑，很快钻入灌木丛或草丛中，趴在那里一动也不动，瞪大眼睛观察动静。雏鸟有着很好的保护色，因而很难被发现。小鸟逃避后，成鸟急速向高处奔跑，其速度之快可以和骏马相比。待危险解除，山林又恢复原来的宁静之后，双亲才返回原地，发出叫声。只有这时，小鸟才纷纷地从各自的隐蔽处跑出来，回到双亲的身旁。不管在多复杂的环境下，双亲总是有能力返回到小鸟躲藏的地方，这种辨认能力，实在令人叫绝。这种家族式的生活一直维持到小鸟翅膀长硬，能自立为止。几个月后，几个家族会在一起，结成大群，有时可达三四十只，晚间成群栖息在树上，这种群体生活维持到第二年配对时才结束。

褐马鸡特别恋巢，往往科学观察点离巢不到20米远，尽管它总是用眼睛盯着人们，但无论是观察者的说话声，还是咳嗽声，它都不予理睬，只有接近到它认为已对自己构成威胁时才飞跑开。有时，观察者可接近到离巢只有两米远的地方进行拍照。这种恋巢习性为所有鸟类所共有，这也是它们生命活动中最容易遭受攻击而丧失性命的时刻。

森林警察啄木鸟

天牛、透翅蛾、吉丁虫等隐藏在树干内部蛀食,造成树木枯死或风折,降低木材的利用价值。用药物或人工方法防治这类害虫,既费工、费钱,又不容易达到理想的灭虫效果。于是,人们想到了人类的老朋友——鸟类。在郁郁葱葱的森林里,栖息、生长着几百种益鸟。然而,消灭森林害虫最多,保护树木最得力的还要数啄木鸟。

全世界啄木鸟有 200 多种,其中我国占 20 多种,有绿啄木鸟、棕腹啄木鸟、大斑啄木鸟、星头啄木鸟等。

啄木鸟不会鹦鹉学舌,只会不知疲倦地在树干上螺旋式攀缘,耿直得只知盯住害虫。啄木鸟主要捕食蠹虫、天牛幼虫、木蠹、金针虫、松针毒蛾等对树木威胁最大的昆虫。据统计,一只成年啄木鸟一天要为十几棵树木"治病",啄食害虫几百只。我国最大的一种黑啄木鸟,每天能吞掉 1900 只蠹虫。生了小鸟以后,啄木鸟就更忙了,每天至少要给小鸟喂食 25 次以上。据试验,在 1000 亩人工林内居住的两对啄木鸟,一个冬季可啄食树干内光肩星天牛 86%、吉丁虫 97%,基本上控制了蛀干害虫的发展。此外,食叶害虫天社蛾、刺蛾、避债蛾及其他在树干上的越冬茧等,也是啄木鸟冬季的食粮。啄木鸟的生长、繁殖给树木害虫布下了天罗地网。难怪人们尊称它为"树木大夫"、"森林卫士"呢!

据报道,山东省平邑县峻河林场,招引啄木鸟除虫取得了成功。林场工作人员在杨树林中悬挂了许多无洞口的空心木段,由啄木鸟自己来做窝居住,平均每隔 0.5 千米,就有一对啄木鸟定居。十多年来,不用化学防治,林中的虫害却大大减少,既节约了经费,又避免了化学药品对环境的污染,使森林得到了很好的保护。

啄木鸟虽然翅膀短而钝,不适于远距离飞翔,但是它却有一种极为高超的攀缘树干的本领,可以在又直又滑的树干上攀登自如。这是因为它的趾长得非同寻常。一般鸟趾是三趾向前,一趾

▲ 啄木鸟

向后；而啄木鸟却是二趾向前，二趾向后，并有锐利的爪钩。啄木鸟还有一副坚硬而又有弹力的尾羽，可以用来支撑身体。因此，它不仅能够有力地抓住树干而不致滑下，还可以沿着树干向上跳跃，灵活地绕树干转动。不管它在树干上怎样活动，甚至一高兴来个"后滚翻"都不会摔下来。

更奇特的是啄木鸟的嘴。这位"树木外科医生"的全部"医疗器械"都在嘴上。它的嘴直而有力，经常用来"笃，笃笃笃"地敲打树木，既是"叩钟"，又是"听诊器"；如果发现里面有害虫，立刻啄开树皮，往里挖掘，所以，啄木鸟的嘴也是把锐利的"手术刀"。它的舌头又软又长，能够伸出嘴外 14 厘米。这是因为它有一对非常长的舌骨角围在头骨的外面，这就好像两个弹簧从左右两侧牵着舌头，所以舌骨角的曲张而使舌头能伸能缩了。啄木鸟的舌头有很多的黏液，并生着许多倒刺。这种舌头就像是一把结构精巧的"手术钳"，只要一接触到害虫，立刻把它钳出来。它的这一整套精巧、多能、经济适用的"医疗器械"，使外科医生望尘莫及。

啄木鸟的工作态度更值得赞颂的。它每天都在森林里奔忙，往返"巡诊"，不辞疲劳，给各种各样的树木做身体检查。一会儿飞到这棵树，一会儿又飞到那棵树，不

> **啄木鸟嘴边的运动速度**
>
> 啄木鸟啄树的时候，频率每秒可达 15~16 次。头部摆动的速度相当于每秒钟 500 多米，比时速 100 千米的汽车还快 20 倍呢！

停地"笃，笃笃笃"进行"叩诊"，有时"笃笃"声之快，就像戏台上战鼓催征一般，真是扣人心弦。它检查得很仔细，树的上上下下都要检查，一旦查出病情便立即"动手术"，先用嘴凿开树皮，再将舌头伸进去，一下子就把害虫连同它的卵一起勾了出来，然后把害虫吃掉。真是"舌到病除"，令人佩服！更高明的是在南美洲有一种啄木鸟，对于树干深处的害虫，如果舌头够不到时，它便把仙人掌的刺叼来，用它把害虫扎出来。有时啄木鸟甚至会事先把仙人掌的刺准备好，放在旁边备用，你看它多么聪明，想得多么周到呀！

啄木鸟有很强的听觉、视觉能力，树林里害虫有一点微弱的声音，细小的痕迹，都逃不过它的眼睛和耳朵。它啄树捕虫，总是有的放矢，百发百中，不留隐患。啄木鸟路不空行，异常勤快，就是飞到河边、湖畔小憩，也忘不了把周围的风景林、零星树木敲啄一遍，往往战绩卓著，满载而归。大斑啄木鸟和小星头啄木鸟的本领又略胜一筹，它们的嘴尖能伸进几厘米厚的树皮里，所以躲在树干内部的蛀虫也休想依仗保护层混过去。

啄木鸟是森林卫士，是人类忠实的朋友，为了招引啄木鸟，我们可以在森林里每隔一两百米，在树干上挂上一段长 60 厘米、宽 20 厘米的朽木。啄木鸟一看见朽木，就会落下来在附近林子里搜索，或者干脆在朽木上安家。啄木鸟每年产卵 3~5 枚，夏初孵出雏鸟，两个月以后，幼鸟就能单独飞行，啄食害虫了。

不会飞的鸟

　　大家都知道，大多数鸟都能飞，它们都长着坚硬而粗壮的羽毛和适于飞翔的翅膀以及尾巴。愈会飞的鸟，如老鹰和燕子，它们的翅膀和尾巴愈比身子长，翅膀展开时的面积愈比身子的面积大。它们还有发达的胸部肌肉，能使翅膀持久地上下运动。在它们身体上还有能帮助飞翔的特殊结构。

　　鸵鸟却不是这样。就以非洲鸵鸟来说吧，它是世界上最大的现代鸟类，成年的雄鸵鸟一般有 2 米高，身体重达 100 千克左右。它全身的羽毛都是柔软的，如果你不细心观察甚至会误认为它没有翅膀。实际上，它有一对不适于飞翔的小得和它个头儿十分不相称的翅膀。此外，它只有平平的胸骨，胸部肌肉也不太发达。从外表看，会误认为它具有一个宽大而覆盖着很多羽毛的尾巴，其实它的尾巴骨很小，又不灵活，不能起帮助飞翔的作用。

　　鸵鸟几乎完全生活在南半球的沙漠草原地带，吃的除植物外，还有地上活动的小型动物。由于它长期适应这样的生活方式，脚长而粗壮，只有两个粗大向前的脚趾，脚的底部还有厚皮。这样，不仅走在沙漠里不容易下陷到沙里去，同时也不会烫脚，走起来更方便。所以鸵鸟虽然不能飞翔，但却能跑得很快。

　　鸵鸟的两腿颀长，粗壮有力，疾走如飞。虽然两翼已经退化，但它的副羽相当发达，奔跑时可以鼓翅扇动相助，跑步时一步可达 3 米，在 15 分钟或半小时内能毫不费力地将时速提高到 50 千米，最快的每小时可达到 97 千米，连快马也比不上它。在鸵鸟的家乡非洲，常常可以看到它们与一些比较大的动物在一起。斑马也是一种跑得很快的动物，是与鸵鸟相处得很好的伙伴。

　　鸵鸟生的蛋平均重量为 1.6~1.8 千克，大约是 24 个鸡蛋的重量，长度为 15~20 厘米，直径为 10~11 厘米。煮熟

▲ 鸵鸟

一只鸵鸟蛋要花 40 分钟。尽管其蛋壳的厚度只有 0.15 厘米，但却能承受一个体重 127 千克的人踩在上面。1988 年 6 月 28 日，在以色列基普兹哈翁集体农庄，一只 2 岁大的北部鸵鸟和南部鸵鸟的杂交后代，产下了一枚创世界纪录的鸵鸟蛋，这枚鸵鸟蛋重达 2.3 千克。鸵鸟的巢只是在沙地中刨出一个浅坑。在一个巢里常常有 15 枚蛋，最多可达 50 枚，因为有时五六个母鸵鸟都把蛋产在同一个巢里。

在白天，太阳和沙子很热，因此总有一只母鸵鸟伏在蛋上保护。母鸵鸟身体底部的羽毛是白色的，而在这以上部分显露出来的羽毛则是浅灰色的。这种颜色差不多和它们周围沙子的颜色一样，这样会使它们不易被发现，也可以保护鸟巢不被侵害。到了晚上，就由公鸵鸟伏在巢里，它身体的下部羽毛和母鸵鸟一样是白色的，但在身体其他部分的羽毛则是黑色的，所以在晚上是不容易被发现的，这样就能较好地来保护鸵鸟巢。

经过 6~7 周的时间，鸵鸟就孵出来了。最初它们只有鸡那么大，以吃其他鸵鸟蛋为生。当长得大一些时，它们的父母就帮助它们寻找别的食物，像绿叶、叶梗、种子和水果等。它们大部分吃植物，但也吃昆虫。

小鸵鸟长得很快，在 6 个月的时间里，就长得跟它们的父母差不多了，然而这时实际上还没有成熟，一直要到 3 岁才算真正成熟。未长成熟的鸵鸟羽毛是淡黄色的，常有深颜色的条纹。长而美丽的翎毛一直要到小鸵鸟完全成熟才能出现。

鸵鸟平时四五十只成群生活。公鸵鸟不像其他鸟类那样用婉转的鸣叫来求偶，它只能发出像狮子似的吼声，而没有动听的鸟鸣。但是它会昂首阔步地在母鸵鸟跟前炫耀自己，并抖开自己的翎毛，把双翅展开像一把打开的扇子一样。

鸵鸟不仅以大闻名，民间还流传着一种"鸵鸟政策"的说法。说的是鸵鸟遇到危险时，就把头钻进沙堆里，自己什么也看不见，以为别人也看不到它的身体。以此来讽刺自欺欺人的人。

事实上，这是一种误传。鸵鸟从来没有这种习惯。据科学家证实，鸵鸟有时将头贴在地面，或是为了觅食，或是便于听声，或是为了放松一下颈部的肌肉，并不是害怕躲避，也不会把头钻进沙里。相反，它遇上敌手时，还会用强壮有力的长腿回击。小鸵鸟由于年幼体弱，与强敌相逢，逃跑是无望的，所以它们把身体紧贴地面，蜷缩在大草原的黄草中一动不动，由于羽毛颜色跟黄草极其相似，肉眼是很难发现的。小鸵鸟的这一习性，也许就是人们所说的鸵鸟遇敌埋头于沙的原因。

诚然，鸵鸟生性胆小，稍有危险，便大步快速逃跑，这是它们防身自卫，躲避敌人的唯一手段，因为它们是不能飞翔的鸟。但即使最愚蠢的鸵鸟，面对威胁，也不会把头藏在沙子里，坐以待毙。

> ## 《《 鸵鸟的名字 》》
>
> 鸵鸟之所以叫"鸵鸟"，是因为它们在许多方面像骆驼，如长而瘦的颈和腿；除掉羽毛，它们也像骆驼那样朴实；它们甚至也能走很长时间不喝水。

蒙怨受屈的麻雀

麻雀，大家都很熟悉它。清晨，东方刚刚发白，庭院或公园内一片寂静，麻雀首先发出了唧唧的叫声，随之跳跃飞翔，开始了一天的活动。

麻雀是一种留鸟。由于分布很广，各地人民给它取了不少名字，如瓦雀、琉雀、家雀、家仓、老家贼等等。

麻雀性机警，每当它啄食时，总是边吃边抬头，不住地观望，一旦接触到人的目光，便立刻飞逃。它的翅膀短而圆，不能久飞，持续飞行不超过 4 分钟。在地面活动灵巧，喜跳跃行进。秋冬两季常结大群活动，栖息在大树和农家牲畜的饲养场所。春夏季节是麻雀的繁殖期，它们成双成对地营巢，在房屋的瓦檐里，墙壁的窟窿或树洞中，雌雄共同营巢，用草叶、兽毛、碎布、烂纸等铺垫而成。每窝产卵 4~6个，两亲鸟轮流孵化，经 12 天，雏鸟即破壳而出。经过亲鸟 15 天的喂养后，幼鸟可离巢出飞。麻雀的繁殖能力很强，一对亲鸟一年可繁殖 2~4 窝，如果一窝平均出雏以 5 只计算，一年就可繁殖出 20 只幼鸟，翌年，幼鸟成熟又可繁殖。

麻雀的食性随季节变化：平时主食谷类，兼食杂草种子；生殖季节常捕食昆虫，并以之哺喂雏鸟。由于麻雀那短小粗健、呈三角锥形的喙，对于啄食谷粒特别利索，所以人们一般只知道它吃稻谷等粮食和果实，却不知道它还喜欢吃害虫和杂草种子，因而麻雀曾一度蒙冤受屈，被人们视为害鸟，不分青红皂白地大加杀戮。

明代福王朱常洵受封于洛阳。他的府第常有成群结队的麻雀造窝檐下。每天清晨这些小生灵嬉闹飞蹿，鸣噪不停，搅得福王睡不好"回笼觉"。福王令家丁结网，于每天早晨、黄昏各捕一次，"日杀百计"。有一管家献媚邀庞："王爷，'宁吃飞禽四两，不食走兽半斤'，油炸此物，最饱口福。"主子一来二去吃上了瘾，捕麻雀的家丁越来越多。年余，古城远近的麻雀几乎难觅踪影了。后来福王被李闯王义军杀戮，小小麻雀才有了苟延残喘的机会。

麻雀在国外也有倒霉的历史。两百多年前，普鲁士国王菲特烈二世种植满园樱桃自赏。当樱桃成

《《 麻 雀 》》

麻雀体长约 14 厘米。喙黑色，圆锥状；跗跖浅褐色。雌、雄羽毛近似。头和颈部栗褐色，背部稍浅，满缀黑色条纹。脸侧有一块黑斑，翼部有两条白色带状斑。尾呈小叉状。喉部黑色，下体灰白色。多栖止于有人类经济活动的地方。分布北自俄罗斯西伯利亚中部，南至印度尼西亚，东自日本，西至欧洲；在中国几乎遍布平原和丘陵地带。

熟季节，小麻雀时常成群结队地到园中啄食。它们虽然吃得少，但却把成熟之果弄得满地都是。菲特烈二世极为恼怒，命令臣民必欲杀尽"小飞贼"——麻雀而后快。不久，宫廷又出赏钱：凡捕杀一只麻雀者，奖钱 6 芬尼。于是举国出动，一两年内普鲁士麻雀绝迹了。菲特烈国王满以为无雀樱桃便会硕果累累了，但不久害虫猖獗，臣仆们从早到晚捉虫，樱桃树还是被吞食净光。面对这满园残枝败叶，国王尝到捕杀麻雀带来的恶果，不得不颁布禁令告诫再不要杀鸟了，以利生态平衡。

1955 年 11 月，我国制定了《农业 17 条》，其中第 13 条为："除四害，即在 7 年内基本消灭老鼠，麻雀，苍蝇，蚊子。"其间，中国科学院鸟类学家郑作新曾表示麻雀在农作物收获季节吃谷物，是有害的；但在生殖育雏期吃害虫，是相当有益的。

1959 年 12 月 29 日和 1960 年 1 月 9 日，中国科学院生物学部召开了麻雀问题座谈会，并于 1960 年 3 月 4 成立了麻雀研究工作协调小组。3 月 18 日，毛泽东在《中共中央关于卫生工作的指示》中提出："麻雀不要再打，代之以臭虫。"

其实，鸟类的所谓"益"与"害"是相对而言的，往往随季节、地点、条件的不同而变化，不能一概而论。事实表明，在水稻、玉米或麦子灌浆时，麻雀的危害

▲ 麻雀

是明显的。它们成群地停歇在作物茎秆上，吃乳熟期的谷物，损坏植株，影响作物收成，在这时防除麻雀是对的。但我们不能以此就认为麻雀是害鸟，并采取彻底消灭的方法。因为在其他时间和其他场所，麻雀是有益处的。麻雀在繁殖期以昆虫育雏，能消灭大量害虫，而且麻雀的繁殖，只要气候温暖，食物丰富，每年多数月份都能产卵育雏，一年可以繁殖 3~5 窝。所以，从总体上讲，麻雀经常都在消灭害虫；在菜园、果园、花园及房屋附近，麻雀捕食甲虫、蚂蚁、臭虫、苍蝇及蝴蝶，是有益处的；在秋、冬两季，麻雀吃杂草种子，对除莠有好处；特别是在大城市里，其他鸟类非常少，麻雀消灭人行道、街心花园、公园中的害虫，保护城市的绿化功不可没。

响蜜䴕的趣闻

我们知道，性情凶猛的鲨鱼，一般在海洋中上层活动，它一口能吞下几十条小鱼，还能咬死和吃掉比它大的鱼或其他动物，真可谓是"海上魔王"。奇怪的是，它从不吞食和它形影不离的小伙伴——向导鱼。向导鱼能在鲨鱼周围游来游去，既敏捷又快速，一点儿也不怕鲨鱼。

向导鱼长仅 30 厘米左右，青背白肚，两侧有黑色的纵带。它和鲨鱼关系十分友好，每当鲨鱼出征巡猎时，它们就紧随其后，仿佛保驾的卫队似的，准确地模仿它的一举一动。有时向导鱼也游到前面去观察情况，但会很快地回到自己的原位，可以说是寸步不离。鲨鱼从不伤害这个小伙伴，还把吃剩的食物赏赐给它们。遇到危险时，还允许它们躲到自己的嘴里。

有人认为，向导鱼护卫鲨鱼左右是在帮助这个异种伙伴寻找食物，因为鲨鱼的视力不佳。但现在有人证实鲨鱼的感觉器官很完善，所以认为向导鱼的主要职责可能是给鲨鱼的皮肤打扫卫生。而向导鱼则凭借着朋友的威风来保护自己，并得到一定的食物保障。

这种不同生物双方都有好处的共同生活现象是有不少例子的，这叫做共生现象。例如，犀牛和犀牛鸟、鳄鱼和千鸟、白蚁和披发虫等。可是，不一定所有的人都知道，人也是某些共生现象中平权的一员。

▲ 千鸟与鳄鱼

在整个非洲地区有一种极受当地居民欢迎的灰色小鸟，它比麻雀略微大一些，人们称它为响蜜䴕，或是指示鸟。当响蜜䴕在森林中发现了蜂巢而又不能单独毁坏蜂巢的时候，它就飞到最近的村庄里去。

小鸟飞到离人很近的地方，一面叫，一面在地上跳来跳去，企图引起人们对它的注意。

当地人早已知道那是怎么回事了，于是毫不迟疑地准备动身：预备好衣服，用来掩盖赤裸裸的身体，避免受到野蜂蜇伤，带上篮子、斧头和铁锹，然后跟着这只啼叫不停的小鸟到森林里去。小鸟不断地从一棵树飞到另一棵树上，把人们引到蜂巢所在地，如果人落在后面了，它就停下来等着并且尖声地大叫，催人快走。假如人走错了路，它可以紧跟寻蜜的人飞上 7~8 千米，一路上叫个不停，直到把寻蜜人引上正路。通常不到半小时，寻蜜人就被引到蜜源地。这时，响蜜䴕就会停在蜜源附近的高树枝上，并不停地叫着，好像告诉寻蜜人，蜂巢就在下面。然后它就隐藏在近旁的树枝上，在那里一声不响地注视着人们的行动。这时候，寻蜜人捣毁蜂巢，把蜂巢装进箱子里。通常能得到多达 7 千克的蜂蜜。这时人们总要给响蜜䴕留下一点蜂蜜和它最喜欢吃的蜜蜂的幼虫。但是，人们往往故意不这样做，那时候响蜜䴕就不满意地叫着，把人们带到第二、第三个……蜂巢去，直到人们给它吃饱了为止。

在非洲人烟稀少的偏僻地区，响蜜䴕不利用人，而是利用一种种族特别的非洲獾——条蜜獾来作为蜂巢的破坏者。响蜜䴕和条蜜獾彼此互相帮助。响蜜䴕正像在黑人的村庄里一样，在条蜜獾——蜂蜜的癖爱者的洞穴上大声地叫着和飞翔着，然后将其引导到它所发现的蜂巢那儿去。

非洲的蜜蜂像我国的大野蜂一样，常常在地上筑巢，因此条蜜獾不难发现它们。条蜜獾的毛又密又厚，不怕蜂蜇，可以放心地把蜂巢挖开，将蜂窝和蜜蜂的幼虫吃掉，而只把空蜂房留给响蜜䴕，而响蜜䴕想要的正是空蜂房——蜂蜡，它爱吃蜂蜡。原来，在响蜜䴕的嗉囊里有许多共生菌和酵母菌，这些菌类能分解蜂蜡，使其变成脂肪，从而被响蜜䴕的肌体吸收。

响蜜䴕是分布在非洲和东南亚的一种小鸟，大的似八哥，小的如麻雀，上身呈灰色、暗绿或黄绿色，下身是深浅不同的灰色，有的具有黄色斑点或黑纹，尾巴为暗褐色，外侧白色。响蜜䴕把卵产在须䴕鸟、啄木鸟、翠鸟等一些在洞穴营巢的鸟巢中。刚出壳的雏鸟虽是全身裸露的瞎子，但却非常狠毒，它不是把寄主的雏鸟推出巢外完事，而是要把它们都杀死。原来响蜜䴕的雏鸟，嘴的上下生有两个锐齿，这成为它的暗杀武器。假若在同一个巢里有两个响蜜䴕雏鸟，那就要互相厮杀，败者亡，胜者存，坏事干完了，两个锐齿也就脱落了。

《千鸟与鳄鱼》

千鸟不但在凶猛的鳄鱼身上寻找小虫吃，还能进入鳄鱼的口腔中啄食鱼、蚌、蛙等肉屑和寄生在鳄鱼口腔内的水蛭。有时鳄鱼突然把大嘴闭合，千鸟就被关在里边。只要千鸟轻轻用喙击打鳄鱼的上下颚，鳄鱼就会张开大嘴，千鸟随即飞出。

田园卫士——猫头鹰

　　猫头鹰是人们比较常见的一种鸟类。但是，很多人对它却不了解，甚至有误解。这大概是由于它的面貌有些吓人，如眼睛大而圆，向前视；眼睛四周有辐射状羽毛，形成猫脸形的"面盘"；有的头旁还生着两撮直立的羽毛，形状很像耳朵；嘴弯曲尖锐，脚上有健壮钩形的爪。这一切都给人一种凶恶的印象。因为它性情凶猛，常捕食鼠类；脸形像猫，又是飞禽，所以人们把它叫做"猫头鹰"。

　　猫头鹰在夜间或黄昏出来活动，每当夜深人静的时候，常常发出单调凄恻的"呜噜噜，呜噜噜"的叫声，迷信的人认为是"鬼泣"，把它视为可恶的不祥之鸟。还有人误认为猫头鹰的叫声是"报丧"，流传有"夜猫子叫，祸事到"、"夜猫子进宅，无事不来"等谚语。

　　但是，受过现代科学教育的人，都知道应该保护猫头鹰。例如，鲁迅先生就特别喜欢猫头鹰，他在"拟古的新打油诗"——《我的失恋》里写道："爱人赠我百蝶巾，回她什么：猫头鹰。"他十分欣赏这田园卫士的除恶务尽的精神。所以，他亲自绘制的《坟》的封面画上，就有一只逗人喜爱的凝神注视的猫头鹰。

　　其实，猫头鹰是益鸟。它居住在茂密的山林之中，多在枯树洞里筑巢。

　　产蛋后的猫头鹰，孵蛋与众不同。大多数鸟类，如野鸭、大雁、燕子、麻雀等，都是产完最后一枚蛋才开始孵蛋。可是猫头鹰生下第一个蛋后就开始孵，然后边产边孵，因此幼鸟出壳也有先有后。"大哥哥"已长得又大又胖时，"小弟弟"却刚睁眼，有的甚至还未出壳呢！

　　猫头鹰有一双"千里眼"，还有一对"顺风耳"。

　　猫头鹰的眼睛构造特殊，与一般白天活动的各种鸟类不同。在猫头鹰的视网膜上，分布着两种感觉细胞——视杆细胞和视锥细胞。视杆细胞对光线有很大的敏感性；视锥细胞有感觉颜色的能力。猫头鹰眼睛的特点，就是视杆细胞特别多，视锥细胞特别

▲ 猫头鹰

少。所以，每当夜幕降临或晨光熹微的时候，它能够看到我们白天所能看到的一切，从而进行捕食和避敌等活动。猫头鹰眼睛的另一个特点，是围绕瞳孔周围的虹膜，只有辐状肌，没有环状。所以，瞳孔只能略微放大，不能缩小。一天24小时，猫头鹰的眼睛总是黑黑的、圆圆的、大大的。这样大的瞳孔，白天进入的光线太多，强烈地刺激着视网膜，使视网膜感受一种没有明暗差别的强光，不能形成明暗不同的影像。所以猫头鹰在白天对各种事物都好像是"熟视无睹"。科学家曾对长耳的大猫头鹰作过试验，发现它能够在全黑的环境里捉到活的老鼠，也能够在只有微弱的光线时发现死老鼠，若换作人类，就必须增加10~100倍的光线才能看到，可见猫头鹰的视力之强！

猫头鹰的视力也不是无限的，在绝对黑暗中，它们和人类一样也是视而不见的。

科学家断定，在漫漫秋夜伸手不见五指的黑暗中，猫头鹰只能靠听觉猎食。而猫头鹰判断猎物位置的精确度实在惊人。有人曾做过如下试验：在关养猫头鹰的室内地板上撒满木屑，木屑下面安放几只小型扬声器，只要某只扬声器一发出模拟老鼠的吱吱叫声，猫头鹰立刻就俯冲过去准确地将扬声器抓住，就跟在自然环境中逮老鼠一样。

在林间树丛中，猫头鹰猎食时总挑选一根树枝潜伏下来，只要能暗中看见猎物，或者只要能听到猎物的响动即行动。但在开阔地带，即在老鼠栖身的林边空地或田野上，猫头鹰则在自己的狩猎场上空盘旋。它们无声地飞着，聚精会神地监听着老鼠发出的吱吱声。当发现老鼠时，它们便快速挥动翅膀，在老鼠上空绕圈子，选择适于冲击的位置。

那么，如何解释猫头鹰这种出色的听觉能力呢？原来猫头鹰的听觉器官在构造和功能上都有不少特点。首先，猫头鹰耳孔周围长着一圈特殊的羽毛，形成一个测音喇叭，大大增强了接收的声音。大耳猫头鹰的鼓膜面积约有50平方毫米，比鸡的耳膜大一倍。而且猫头鹰的鼓膜是隆起的，这样又使面积增加了15%。同其他鸟类相比，猫头鹰中耳里的声音传导系统更为复杂，耳蜗更长，耳蜗里的听觉神经元更多，而且听觉神经中枢也特别发达。例如猫头鹰的前庭器中含有16000~22000个神经元，而鸽子仅有3000个。

其实，猫头鹰在判断声源方面也高人一等。当声音传来时，靠近声源的那只耳朵接收到的强些。这种极其微小的音量差，能使猫头鹰确定声源位置。而这在物理学上，叫做双耳辨向效应。由于猫头鹰的听神经机制特殊，其辨向能力要远胜过其他鸟类。

此外，猫头鹰的听觉对频率为3000~7000次/秒的声波最敏感，而老鼠及其他啮齿类动物的叫声刚好都在这一范围之内。

《《 一只猫头鹰保护一吨粮 》》

据统计，一只田鼠一个夏天要糟蹋1千克粮食，而一只猫头鹰在一个夏天则可以吃掉1000只田鼠，保护1吨粮食不受损害。

情高貌美的天鹅

天鹅是大型水禽，喜群栖于湖泊沼泽地带。双脚粗短，趾间有蹼。脖子很长，几乎与身体等长。全身披白色羽毛，在水中游动时伸着脖子与身体成直角，好一副悠然自得的神态。

天鹅是一种非常珍贵稀有的水鸟。目前世界上尚存 5 种，我国有 3 种，即疣鼻天鹅（又叫赤嘴天鹅）、大天鹅（黄嘴天鹅）和小天鹅。

疣嘴天鹅长得十分美丽，它披着纯白色的羽衣。当它展翅在水面上悠然畅游的时候，宛如一叶扬帆前进的扁舟。它的嘴赤红，前额具有黑色疣突，仿佛是一个端庄圣洁，身披白羽纱，朱唇嫣然的仙女。它的喙部有丰富的触觉感受器，仅在上嘴边缘每平方毫米就有触觉感受器 261 个。而人类最敏感的手指尖，每平方毫米才 23 个。

天鹅喜欢栖息在水草和芦苇丛生的湖泊中。在广阔的水面上它能作长距离的滑行，脚踩着水面，两翼挥动向前推进。它在水面漂浮时，脖子呈"S"形，受惊时则向上伸直。在空中飞行时脖子向前伸直，脚伸于腹部后方。当降落着地时，常缓慢挥着翅膀滑翔而下。结群飞行常排成斜线，或"Y"字形。鸣叫声似喇叭。天鹅平时常常雌雄双栖，相亲相爱。它们共同筑巢，共同抚育子女，只要雌雄有一方死去就终身不再配偶。单栖的天鹅往往承担起最繁重的警戒任务。一遇异常情况，便引颈高鸣，宁可牺牲自己，也要唤醒同伴避难。

在我国新疆天山中部的巴音布鲁克草原，有一个东西长 30 千米，南北宽 10 千米的高山沼泽湖泊。这就是我国第二个鸟类保护区，世界上珍禽天鹅的主要聚集地之一——巴音布鲁克天鹅湖。

巴音布鲁克天鹅湖的湖水是由周围雪山上的雪水汇集而成，也是《西游记》中传说的"通天河"——开都河的发源地。"天鹅湖"，实际上是大片沼泽。这里清泉密布，港又交错、迂回曲折，形成一个个小岛。小岛上生长着又

▲ 天鹅

高又密的芦苇和野草。天鹅和众多的水鸟和睦相处，一块觅食，一块游水，发出各种不同的叫声，组成一支庞大的交响乐队。而天鹅的长鸣，则是这奇妙乐曲的主旋律。

春天，在印度洋沿岸和南非南部度过冬天的成千上万只天鹅，千里来寻故地，几经盘旋飞舞徐徐降落在湖泊中。它们或结伴在湖中畅游，激起层层涟漪；或引颈张翼，翱翔于蓝天白云之间。天鹅那洁白的羽毛、飘逸的体态、翩翩的舞姿、高雅的风格，给洁净碧绿的高山湖泊增添了无限的诗情画意。

巴音布鲁克能成为天鹅的故乡，缘于它独特的地理环境和独特的气候条件。这里海拔 2500~3000 米，四周为冰峰雪岭所环抱。山脚下有无数水泉流注湖中。湖水清澈见底，在阳光下显得格外晶莹夺目。这里没有明显的四季之分，只有寒季和暖季的差异，每年 6~8 月份是暖季，平均气温在 8~10℃，最热的 7 月份一般也只达到 20℃左右。而且雨量充沛，气候温润。繁茂的水生动植物，是天鹅丰美的食物。同时，天鹅湖被高山环抱，有利于天鹅的繁殖、生长、发育。

据科研单位考察，天鹅湖有鸟类 72 种，其中有天鹅家族中的大天鹅、小天鹅、疣鼻天鹅 3 个品种。最多的是大天鹅，估计占天鹅的 90% 以上。5 月初，成双成对地飞往湖泊深处，寻找僻静的小潭交配产卵。白天鹅每年产卵一次，一次产 4~8 枚，每枚重 400~500 克。孵化时，由雌雄天鹅轮流值班，一个坐巢孵化，另一个在窝前"站岗放哨"。经过 37 天后，颜色灰白、毛茸茸的小天鹅就破壳而出了。小天鹅出壳 3~4 小时就可下水觅食，不到半个月，重量就会增加 5 倍，3 个月可长到 10 千克。秋天，群鹅南飞的时候，当年的小天鹅已羽翼丰满，完全可以同大天鹅比翼高飞了。天鹅除繁殖期外，没有固定的家，常选择湖面安全地区，弯曲着脖子，把头夹在翅膀里，随水漂流而眠。

1980 年，巴音布鲁克天鹅湖被国家正式划为天鹅重点保护区。

天鹅气质温和，对爱情忠贞不渝。因此，当地牧民把天鹅视为"贞节之鸟"，将吉祥幸福与天鹅联系起来，天鹅产的蛋，不去捡拾，天鹅换毛季节，不去捕杀，这使天鹅得以在天鹅湖自由生长。

每年秋天，天鹅集体换羽，作好南迁的准备。新羽在冬天来临时全部换好。这时，天鹅携老带幼结成小群，排着"一"字或"人"字形队伍，展翅凌云，南下长江中下游及地中海中部、印度西部一带越冬。旅途中休息或过夜时，总有一两只天鹅伸着长颈，守卫放哨。

鸟类迁徙时飞翔的高度，一般不超过人的视力范围，然而天鹅曾经飞越过喜马拉雅山的珠穆朗玛峰，高度可达 9000 多米。来年春天，天鹅又从南方各地集群北上，飞回繁殖地，生儿育女。

《《 天鹅起飞 》》

天鹅经常会在水面或地面上向前小跑，这是由于身体太重，它起飞时都要展开两米多的双翅滑翔一段，就像飞机起飞时在跑道上滑行一样。小跑就是在为它的起飞做准备。

鸟类的飞行速度和高度

　　动物中会飞的种类不少，昆虫中有一大部分能在空中自由飞行，如金龟子、苍蝇、蜻蜓、萤火虫……鱼类中有飞鱼，兽类中有飞鼠、蝙蝠，但能像鸟类那样在天空任意翱翔者并不多见。

　　俗话说，"天高任鸟飞"。鸟类无论从外部形态到内部身体结构，都与空中飞翔生活相适应。它们的身体近似梭形，飞行时可以减少阻力；鸟的羽毛轻而耐磨，又是顺着生长，紧贴在一起，很光滑，因而能保持体温；鸟的两个翅膀是飞行器官，好似船桨划水，一张一缩十分灵活；鸟的尾羽好似船舵，飞行时依靠它来转换方向、加快或放慢速度；小脑蚓部发达，视野很广，对保证身体平稳安全十分有利。鸟的骨骼里没有骨髓，可是有气囊，里面装满空气；胸骨有个三角形的龙骨突；腕掌骨、跗骨能加固支撑身体；鸟肺也和气囊相连通；鸟的直肠和泄殖腔都很短，存不住粪便，有点粪便立刻排出体外；鸟卵的成熟期不同，分几次排出，可以减轻体重；鸟的皮肤、肌肉也都很发达，这些都有利于鸟的飞行。

　　鸟类不愧为动物界中的飞行冠军。无论是飞行速度，还是飞行高度，都是其他动物望尘莫及的。鸟类迁徙飞行速度和平时飞行速度是不同的。例如雨燕，迁徙飞行速度在没有风力影响时，每秒钟为40~50米，这样的速度相当于每小时180千米左右。显然，这不是雨燕的最高速度，它们彼此互相追逐时的飞行速度可达每小时200千米以上。

　　靠翅膀飞得最快的动物是游隼。德国人进行的一系列试验表明，当游隼以30度角从高处向下俯冲时速度可达270.36千米/时。如果以45度角向下俯冲，最高速度可达349.22千米/时。

　　水平飞行的速度冠军在鸭子和鹅中间。一些有实力的种类，如红胸秋沙鸭、绒鸭、帆背潜鸭和距翼鹅有时在空中的速度可能超过104.6千米/时。

　　据说，当金鸻突然惊飞时空中速度可达112.65千米/时。

　　分布于美国的鸟类中飞行速度最快的是白喉雨燕。据估计，这种鸟的飞行速度为322千米/时。滨鹬的飞行速度由飞机在空中测得的结果是177千米/时。

　　但这些都不是它们迁徙时的飞行速度，因为迁徙是长时间地飞行，所以不能太快。雀鹰迁徙时的飞行速度是41.4千米/时，银鸥是49.7千米/时，小嘴乌鸦是51~59千米/时，游隼是59.2千米/时，椋鸟是63~81千米/时，鹬是66~85千米/时，雁是

▲ 秃鹫

69~91 千米/时，燕子是 100~120 千米/时。鸟类飞行速度与风向、风力有极大的关系。它会因风向的不同和风力的大小而相应的增减。比方说，英国凤头麦鸥在飞越大西洋时平均时速是 70 千米左右，倘若顺风，它的时速会猛增到 150 千米。

鸟类迁飞时飞行的高度随着种类的不同而有很大的差别。例如燕子的飞行高度是 450 米，百灵鸟飞行高度可达 1900 米。普通小鸟飞行高度在 400 米以下，鹳、鸢、雁等在 1900 米左右。鹫在 3000 米以上，但它还不是佼佼者，天鹅曾飞越世界屋脊——珠穆朗玛峰，如果它的飞行高度不在 8844.43 米以上，就会撞在珠峰陡峭的山崖上。

科学工作者使用飞行测量仪器测定鸟类飞行的高度，多次试验证明，在 1000 米以上高空飞行的鸟是很少的、鸟类正常飞行高度是几百米，尤其是小型鸟类，往往低于 100 米。在万里无云、风和日丽的天气里，鸟类飞得比较高；相反，在多云、雨雾或有较强力逆风的坏天气里，鸟类飞得很低。风越大，鸟类飞得越低，并且它们还利用风力较小的山谷、密林、河谷飞行。

飞行最高的鸟

　　我国北方巴音布鲁克、嫩江一带都有天鹅湖，那里栖息着成群的天鹅。它们一会儿把颈伸入水中，啄食植物、贝类和鱼虾；一会儿扬翅跃向湖岸，怡然地啄理羽毛；一会儿又引颈长鸣。它们那洁白的羽毛，洒脱的体态，闲逸的漫步，给大自然增添了无限的诗情画意；当人们看到这美丽的风景，也许会想到崔颢"昔人已乘黄鹤去，此地空余黄鹤楼。黄鹤一去不复返，白云千载空悠悠"的诗句。这里的"黄鹤"实际指的就是天鹅。黄鹤楼就建在武昌蛇山的黄鹤矶，这一带还有黄鹄山、黄鹄岸、黄鹄湾。而黄鹄正是天鹅的古代名称。在描述天鹅翱翔的时候，屈原在《楚辞》中歌曰："黄鹄之一举兮，知山川之纡曲；再举兮，睹天地之圜方。"屈原的描写并不夸张，天鹅是世界上鸟类飞翔最高纪录的保持者。

　　鸟类在季节性迁徙时，飞翔的高度多数不超过人的视力范围以外，一般都在 500 米左右，普通小鸟的飞翔高度则在 400 米以下，天鹅在飞行高度上独占鳌头，它曾经飞越我国喜马拉雅山的珠穆朗玛峰，高达 9000 米！

　　天鹅，也称"鹄"。世界上有五种天鹅：大天鹅、小天鹅、疣鼻天鹅、黑天鹅和黑颈天鹅，我国仅有前三种，这三种统称"白天鹅"。大天鹅，雄体长 1.5 米以上，雌体较小。颈极长，与身体的长度相等，有的甚至还略长，在水中沐水时，长长的脖子形如"S"状，一眼便可认出。羽毛纯白色；嘴端黑色，嘴基黄色。群栖于湖泊、沼泽地带。主食水生植物，兼食贝类、鱼虾。飞行速度快而且飞得高。分布极广，冬季见于我国长江以南各地，春季北迁蒙古和我国新疆、黑龙江等地繁殖。小天鹅，体型较小，嘴短。

　　疣鼻天鹅，又叫"哑天鹅"、"无声天鹅"、"赤嘴天鹅"或"白鹅"。繁

▲ 飞行中的天鹅

殖在新疆、青海、甘肃和内蒙古等地，越冬在长江中下游一带。在国外的越冬区，是地中海中部以及印度西北部。它羽毛雪白，嘴赤红色，前额有黑色疣突，是区别于其他两种天鹅的主要特征。它的气管从肺直通到舌根，像一根笔直的管子，这样发出的声音就很小，因此常被误会地称为哑天鹅或无声天鹅。

疣鼻天鹅很机警，即使在水草丰满的湖面觅食游荡时，也不断地伸直长脖子观察四周数里以外的动静，一旦发现危险情况，便立刻用双翅击打水面，急速前进数十米后，徐徐离水起飞逃避。食物以水生植物的茎、叶和果实为主，同时，也兼吃水栖的一些昆虫和软体动物等。

当春天刚刚来临，大地还没完全解冻，大群的天鹅便从遥远的南方北迁到新疆和黑龙江一带。还没消除远征的疲劳，成双成对的天鹅便开始忙碌着营巢繁殖。为了躲避人类和畜类的侵扰，它们把窝巢营建在孤岛或离岸较远的浅水中，以淤泥夹杂枯草堆成巢基，逐渐垒出水面60~80厘米，直径约为2米，远看像个土丘，上面呈碗形。因为工程巨大，它们有时也利用回巢或者侵占其他水禽的巢。巢里面铺有干水草、蒲苇叶和一些绒毛。每窝产卵4~9个，通常以6个为多。卵苍绿色带有污白色的细斑。卵重370克左右。雌天鹅产蛋时，雄天鹅就在巢旁当护卫，遇有异常情况，雄天鹅就大声鸣叫，雌天鹅便很快将树枝、绒羽慌忙地盖在卵上，和雄天鹅一起躲避起来。危险过后，再回巢继续孵卵，并趁机把卵轻轻的翻转一遍。有时遇到其他水禽前来骚扰，雄天鹅就伸展长翼，拍打翅膀，大胆地向来犯者进攻。经过三十多天的孵化，毛茸茸的"丑小鸭"就出壳了。雏鸟出壳后就跟随亲鸟下水游泳、觅食，夜晚回巢避寒。

秋天，天鹅在水草丛中脱下旧装，换上新羽，洁白美丽，娴静庄穆，神态奕奕，仿佛身披轻纱的仙女。接着，它们便成群结队地向长江以南各地飞去，到南方过冬。

天鹅的寿命较短，大约只有10年左右。它们的繁殖能力也较低，一雄一雌相伴终生，如一方死去，另一方终生不配，再加上分布地域狭窄等因素，若遭灭绝性捕猎，将很难恢复。

为保护珍贵的天鹅资源免遭绝灭，我国颁布的《野生动物资源保护条例（草案）》，已把天鹅列为国家三级保护动物。并把新疆巴音布鲁克草原的天鹅湖列为全国第一个天鹅自然保护区，使天鹅能在免遭人类干扰破坏的情况下得以繁衍生息，免遭罹难。

鸟类王国中的"小不点儿"——蜂鸟

　　蜂鸟的老家在美洲的南部和中部。在那一望无际的山林和茂密的果园里，到处可以看到蜂鸟群。由于蜂鸟的模样和习性特别像蜂，所以被称为蜂鸟。特立尼达和多巴哥是南美洲蜂鸟最多的两个国家，他们把蜂鸟命名为国鸟。

　　蜂鸟的个头儿和大黄蜂差不多，身长不过几厘米，鸟蛋只有绿豆大。如果和世界上最大的鸟蛋——鸵鸟蛋相比，近万只蜂鸟蛋才能顶上一只鸵鸟蛋。世界上最小的鸟是产于古巴派恩斯岛的蜂鸟。成年的雄性鸟体长只有5.69厘米，并且有一半是嘴巴和尾巴，重量只有1.59克，比一只蛾子（2.38克）还轻。这种鸟的成年雌性稍大一些。鸟类中产卵最小的鸟是分布于牙买加的马鞭草蜂鸟。所见到的两只鸟蛋长度不到1厘米，分别重0.36克和0.37克。在美国的鸟类中产卵最小的是卡斯塔蜂鸟。其鸟蛋长1.2厘米，直径0.8厘米，重0.48克。而鸵鸟蛋长为15~20厘米，直径为10~15厘米，平均重量为1.6~1.8千克。世界上最小的鸟巢，也是蜂鸟筑的巢。马鞭草蜂鸟的窝只有胡桃的一半大。野蜂蜂鸟的窝要稍深一些，但也只有针箍大小。

　　蜂鸟中的"小不点儿"，在墨西哥至阿根廷一带，名叫肉丝蜂鸟，它全身羽毛翠绿，后面拖着一条紫蓝色的尾巴，闪闪发光，美丽动人。

　　蜂鸟的平均体温为40℃，这在鸟类中是独一无二的。其体温差也最大，一只体温在40℃左右的蜂鸟，它在蛰伏状态时，体温可以降到19℃，上下相差21℃。蜂鸟的心搏也快，一只动作敏捷的蜂鸟，每分钟的心搏竟达到1260跳，这在整个动物世界里是罕见的。

　　蜂鸟和蜂类一样，最爱啄食花蜜。南美洲气候温暖湿润，每当百花盛开的季节，蜂鸟便和成群的蜜蜂一起，扑打着艳丽的翅膀，穿行于花丛中，"嗡嗡嗡"、"嗡嗡嗡"，不辞辛苦地为各种植物传授花粉。

　　蜂鸟长得虽小，食

▲ 蜂鸟

量却很大。倘若一天一夜不吃东西，便会饿死。这是因为蜂鸟家族属热血动物，身体虽小，相对表面积却相当大，小小身体要保持一定的体温，必须不停地吃，身体散发的热量才能不断地得到补充。

蜂鸟的嘴巴又尖又长，活像一根细钢针，里面长着一根细长、柔软、灵巧的舌头。蜂鸟吃蜜时，尖嘴插入花蕊中不停地吮吸。远远看去，仿佛是静止的。其实，它的翅膀仍在不停地扇动。有人统计过，这时蜂鸟的翅膀每分钟大约振动2000次以上，并发出像蜜蜂一样的嗡嗡声。蜂鸟不但能做前后、上下、左右、旋转等飞行，而且在吸吮花蜜时，还能够展示悬空停顿的高难度动作，故有"空中杂技演员"的美称。

一般待在巢中的幼鸟，当母鸟离开时总有程度不同的叫声和动作，而幼蜂鸟却是鸦雀无声、不响不动地待在巢中。这一习性，科学家认为对动物的生存是有利的，因为蜂鸟体小、纤弱，对敌害没有什么抗御力量，这种安静的习性可以减少或避免敌害。

蜂鸟还是一位善战的"小勇士"。它有一套特殊的飞翔本领，既可朝前飞，又可倒退飞。当蜂鸟遭到大鸟攻击时，它常用小巧灵活的身体和高超的飞行技能，使大鸟目眩耳鸣，趁大鸟不备，用钢针似的尖嘴，猛啄大鸟的双腿，直至大鸟疼痛难忍，败阵而逃，方才罢休。

> ❮❮ 蜂 鸟 ❯❯
>
> 蜂鸟体大的像燕子，小的比黄蜂还小。羽色通常极其艳丽。嘴细长呈管状，舌能自由伸缩。常飞行于花园，取食花蜜和花上的小昆虫，有传粉作用。在树枝上营巢。主要分布于南美和中美；沿美洲西岸往北直达阿拉斯加南部。最小的是短尾翠蜂鸟，体小于黄蜂，分布于墨西哥至阿根廷一带。

蜂鸟的倒飞本领，给航空工程技术人员和科学家许多有益的启示。目前，已经有人在研究和设计一种能够倒飞的飞机。如果能够实现，那么世界航空运输事业从空中飞行到地面机场设施，都将发生一系列巨大的变化。

据法新社报道，小小的棕煌蜂鸟能够回忆起自己上一次在何时何地进食过甜蜜的花蕊，从而证明鸟的大脑比人们最初想象的要聪明。

研究发现，蜂鸟能够确切地辨别出自己进食过的花朵所在的位置，以及每一朵花的花蕊重新盛满花蜜的时间，尽管它的大脑只有米粒大小。

人们以前认为，只有人类才有这种有趣的记忆力。

研究报告的作者之一安德鲁·赫尔科说："这表明，动物的记忆力要比我们曾经认为的出色，而且完成一些复杂任务并不需要很大的脑量。"

加拿大西部莱桥大学的这位生物学教授说："这种鸟的大脑只有我们的七千分之一。十分引人注目的是，它们却能把方向信息和时间的间隔结合起来，并在一整天里不断加以刷新。这件事情做起来很复杂。"

极乐鸟奇特的求爱方法

西伊里安位于太平洋上第一大岛伊里安岛的西部。西伊里安的岛上自然资源非常丰富，其中以西伊里安的高山密林丛中、鸟类繁多著称。那里有鹦鹉，有各种颜色的鸽子。此外，还有蜂鸟等几百种美丽的鸟类。但是，在这许多美丽的飞禽中，最美丽的是极乐鸟。它的羽毛像织锦一般的鲜艳光滑。

极乐鸟生活在高山密林中人迹难以到达的地方。当地人只能看到它们在天空飞翔，因此传说极乐鸟住在神国乐园之中，以"天露和花蜜"为食，称极乐鸟为"神鸟"。极乐鸟种类很多，其中著名的是蓝极乐鸟、带尾极乐鸟、六羽极乐鸟、顶羽极乐鸟、镰喙极乐鸟、无足极乐鸟等等。

无足极乐鸟生长在西伊里安南面的阿卢群岛上。它是有脚的。1758 年有个瑞士人从西伊里安带回去的第一只这种鸟的标本没有脚，因而冠以这样的称呼。无足极乐鸟有着咖啡色的羽毛，在它的一对翅膀下面各有一大簇金橘色的绒羽，当它舞蹈时，这两大簇金橘色的绒羽就竖立起来，向上向外展开，在背面形成两面金光灿烂的扇形"屏风"，"屏风"的底部镶饰着一圈深红色的边，看上去简直是一片金色的彩霞。

蓝极乐鸟生活在西伊里安东部海拔 1800 多米的高山中。它的羽毛鲜艳异常。有趣的是，当雄鸟向雌鸟求爱时，会随着自己的鸣声，逐渐把身子后仰，最后倒悬在树枝上。这时，全身美丽的羽毛全部抖开，迎着风，像千百条彩带一样飘舞。

顶羽极乐鸟是因雄鸟头上有两根长达 60 厘米的羽毛而得名，一根羽毛是茶褐色的，另一根上面则生长着蓝白色的细绒毛，这些细绒毛极其光滑。当地人在捕到顶羽极乐鸟后，就立刻把这两根长羽拔下来插在头上，以示威武。

最名贵的是带尾极乐鸟。这种鸟不容易捕捉，因而当地居民传说这种鸟永远向着太阳飞翔，只吃夜间凝结的露水为生。

▲　极乐鸟

各种极乐鸟都能歌善舞，在求配偶的时候，往往十多只同类的雄鸟聚集起来，抖展开它们美丽的羽毛，在树枝间轮流跳来跳去，同时放声歌唱。这正是捕获极乐鸟的一个良好时机，猎人藏在隐蔽的地方，用并不锐利的箭把它们射下来（这样做是避免鸟受伤流血而损坏羽毛）。极乐鸟这时候注意力完全集中在求偶上，很少会发现同伴中箭而飞逃。

有一种极乐鸟求爱的方式更奇特。19世纪，欧洲的猎手在几内亚西部荒野里发现1米多高的罕见草棚，这是渴望得到爱的极乐鸟营造的洞房。这个类似乌鸦大小的营造者，经过几个月艰辛的劳动才搭成这个茅屋。

自达尔文时代以来，鸟类学家就对这种鸟的性生活捉摸不透。研究极乐鸟的老专家吉拉德在20世纪60年代曾说过，这种鸟是"世界上除人类以外最怪的生物"。因为这种分布于新几内亚和澳大利亚的鸟，寻找性伴侣的标准不同于一般动物，一般雌性动物的择偶标准是力量和美，而雌性极乐鸟则要看哪只雄鸟的建筑技巧最奇特。

聪明的极乐鸟不仅把颜色涂在自己茅屋的墙上（颜料由唾沫、草莓或花混合而成），而且把草棚前的交尾场所变成一个有吸引力的垃圾堆。用于装饰这个场地的有蘑菇、鲜花、小石子和蜗牛壳，甚至还有子弹壳、生锈的小汤匙或硬币。

对雌极乐鸟诱惑力最强的是蓝色，所以蓝蝴蝶的翅膀、蓝色的废料和蓝色纸片都被用于装饰。对于金丝极乐鸟的雄鸟来说，蓝色之宝贵就像金色对人类一样，它既会引起贪婪，也会引起杀心，迄今被它们杀死的小鸟，都是因为这些小鸟长着蓝色的羽毛。

雄极乐鸟用来装饰的东西可多达100件，其中大部分是从邻近的竞争对手那里抢来的。它们在抢劫的同时还试图破坏邻居的草棚，试图把它拉倒。

金丝极乐鸟的建筑只有一条走廊和两堵墙。雌鸟怯生生地蹲在走廊里，求爱者则在用垃圾堆成的交尾场上做下蹲动作表演，同时嘴里衔着一片黄叶。如果有足够多的蓝颜色，表演和走廊令雌鸟满意，那么它就会慢慢地走进走廊。这时雄鸟就围着走廊飞，最后从后面靠近自己的对象。但是，这种求爱的努力往往会白费，即使是最成功的"勾引者"，也只有1/4的成功希望。

极乐鸟的羽毛是欧美所谓上等妇女帽上的装饰品，法国妇女尤为珍爱它。这就使极乐鸟遭到浩劫，一些唯利是图的商人纷至沓来，进行收购和捕杀，于是，极乐鸟的数量大大减少了！

> **《极乐鸟》**
>
> 极乐鸟也称"凤鸟"。极乐鸟科各种类的通称。体型大小因种类而异。体长16~100厘米。有一种大极乐鸟，大如黄鹂，体长可达25厘米，体态极华美，中央尾羽仅存羽轴，延长若金属丝状。生殖季节雄鸟两胁具蓬松而分披的长饰羽。栖息丘谷的林中。分布于新几内亚岛西南的阿鲁群岛。为世界著名珍贵鸟。

五彩斑斓的野鸡

　　杜甫在《秋兴》一诗中曾用"云移雉尾开宫扇，日绕龙鳞识圣颜"来赞赏五彩斑斓的野鸡。

　　野鸡，是动物学上雉鸡类动物的俗称，据说汉代吕太后名雉，为了避讳，汉高祖下令将雉鸡改为野鸡称呼。

　　我国最早的一部鸟类著作《禽经》中就有关于雉的记述。3000多年前的《诗经》中也常提到"雉"。汉代末年，人们常用雉头上的羽毛缝制成颜色艳丽的衣服，即当时盛行的"雉头裘"。唐代，人们常到野外捕猎雉鸡，用以娱乐和食用。其尾羽可制成大中小不同形状的"雉尾扇"。雉尾扇在当时已引起许多文人雅士们的关注，并纷纷吟诗赋词。唐代诗人于渍在《古宴曲》中记有"雉扇合蓬莱，朝车回紫陌"的诗句。有的朝代，还曾用雉的尾羽作为官衔的标志。明代大医药学家李时珍还将雉鸡编入《本草纲目》中，说"其脑涂冻疮，其尾烧灰和麻油傅天火丹毒"。就是到了科学技术高度发展的今天，许多医药学家还在研究雉鸡的药用价值。据《东北动物药》一书记述：野鸡肉有"益气、止泻"之功能，可治"脾虚泄泻胸腹胀"等症。

　　野鸡因雄雉颈部有较宽的白色羽毛环绕，故学名"环颈雉"，又名山鸡、雉鸡，为雉科野生经济鸟类。雄雉重 1~1.5 千克，羽毛色彩鲜艳，尾羽 40~50 厘米，具黑褐相间的横纹；两颊绯红，颈部紫绿色；雌雉重 1 千克左右，呈黑栗及沙褐色相杂状，尾羽较短，一般不超过 30 厘米，无绿颈和白环。常栖息于僻静的阔叶幼树灌丛中，或田路、河岸两侧草丛内。严冬及初春喜栖息于朝阳、温暖、避风、少雪的山坳间；炎热夏季，到海拔较高和阴凉通风的树林中，以避阳光直射。其食物范围较广，具耐粗饲、抗饥的能

▲ 野鸡

雉

雉，也称"雉鸡"，通称"野鸡"。在中国分布最少的为环颈雉。雄鸟体长近 0.9 米。羽毛华丽，颈下有一显著白色环纹。足后具距。雌鸟较小，尾也较短，无距，全体砂褐色，具斑。喜栖于蔓生草莽的丘陵中。冬时迁至山脚草原及田野间。以谷类、浆米、种子和昆虫为食。善走而不能久飞。雉的分布几遍全国。

力，适应性强。冬季大雪覆盖时，能扒食雪地中的农作物种子及野生植物浆果、草籽等；晚秋则在收割后的农田中觅食落地粮食；春、夏两季杂食虫蛹之类，也喜扒食蚂蚁。野鸡善走而不能久飞，腾飞能力高于鸡而低于其他鸟类，其天敌有鹰、狐狸、蛇等。

野鸡其肉质细嫩，味道较家鸡鲜美，并有补中益气之功效。全身彩色羽毛为工艺美术品的重要材料。

我国野鸡的种类较多，古书中记有 14 种。现代鸟类学家郑作新编著的《中国动物态》中记有 19 个品种。

北京能够见到的是环颈雉，在延庆、平谷、密云、门头沟的山地草丛中都可见到。雄的环颈雉异常好看，通体五色斑斓，颈部呈紫绿色，并带有绿色金属光泽，脖子上有一圈白色的颈环。雄的环颈雉羽毛艳丽，尾羽很长，常超过体长的一半，也间有黑色和栗色横纹。雌的雉鸡浑身砂褐色，也杂有黑色和红色的斑纹。

环颈雉在北京属于留鸟。平时栖居在山区和丘陵的草木丛中，夜间则飞落在树木横枝上栖息过夜，脚劲强健，不善飞翔。

环颈雉平时常成双结对在一起，有时成小群，三五只一起生活。在绿绿的草丛中听到雉鸡的鸣叫，再由于斑斓羽毛在阳光照射下闪闪发光，真是别有一番情趣。

近十几年来，北京的环颈雉也在减少，主要是有人贪图野鸡美味，乱捕滥猎。由于雉鸡每年产孵 6~12 枚，马上灭绝还不可能，但数量已远远不如从前了。

黑龙江野鸡资源丰富，遍及各地。1984 年在桃山开辟了我国第一个野鸡狩猎场，对外开放。

吉林野鸡广布于草原、丘陵及东部山区、半山区。1968 年开始驯化和人工繁殖，已获成功。

从鹈鹕的猎食与爱情说起

　　鹈鹕，是一种大型水禽，身长约 150 厘米左右，双翅展开可达 2 米多，善于飞翔，主要栖息在沿海湖沼、河川地带。鹈鹕是一种食鱼鸟，它那小小的头颅和眼睛，配着一个硕大的嘴巴，显得滑稽可笑。鹈鹕是鸟类中的长寿者，一般可以活到 52 岁。

　　鹈鹕跟鹭鸶一样，在宽大而尖长的嘴下，有一个巨大能伸长的皮肤喉囊，宛如一个松紧自如的"渔篓"，容量很大，是它捕鱼的工具。鹈鹕捕食时，往往张开大嘴，兜水前进，鱼连水一同进入"渔网"——喉囊，然后把嘴一闭，巨大的喉囊收缩挤出水，剩下鱼虾。如果捕到的鱼虾暂时吃不了，还能在皮囊中贮藏。

　　鹈鹕喜欢群居。成群的鹈鹕一旦在水里发现了鱼群，会很快跟踪上来，然后依次排成一条直线，列成半圆形进行包抄，展开双翅拍击水面，一直把鱼群逼到浅水处，然后张开笊篱似的大嘴，捕捉大量的鱼虾。

　　鹈鹕皮下有许多空气泡，是身体与水面撞击时的缓冲层。当它们在空中飞翔时，一旦发现水中的鱼，会突然从空中箭一般地插入水中，使鱼儿猝不及防。

　　在我国，有两种鹈鹕：一种是分布较广的斑嘴鹈鹕，另一种是白鹈鹕。

　　斑嘴鹈鹕的别名很多，如淘鹅、淘河、花嘴鹈鹕、卷羽鹈鹕、塘鹅等等。其上体灰褐色，下体白色；嘴下的皮肤喉囊呈暗紫色；颈上有粉红色的羽翎。嘴长约 400 毫米，是我国鸟类中嘴最长的一种鸟。

　　斑嘴鹈鹕是一种大型水禽，群栖在广阔的水域地区，飞翔能力强而迅速。虽然善于游泳，但不会潜水。它们的眼睛极其敏锐，在高空飞行时，可随时察觉到水中游动的鱼。依靠飞行迅速的优越条件，追赶前进中的鱼群，一经发现，立即从空中落入水中捕捉。

▲ 鹈鹕

鹈鹕每年随季节的变化而迁徙。繁殖期到来时，它们有选择对象的"仪式"。雄鸟在雌鸟面前摆姿弄势，以博得雌鸟的垂青，双方满意后，雄鸟挥翅起舞，发出鸣叫，显露出得意的神情，慢慢挤在一起，彼此用嘴厮磨交吻，相互啄弄羽毛。有趣的是，它们一旦相爱，就终生不变。即使已经儿女绕膝了，雄鸟觅食回来时，雌鸟也来个"欢迎礼"：双双引颈交啄，好像重申"海誓山盟"。

在人烟稀少的森林中，斑嘴鹈鹕结群营巢于高大的树上，巢材主要是小树枝、水草等物。产卵 3~4 枚，为白色。雌鸟在孵卵时，即使敌害来侵，也不会轻易弃蛋而逃。小鸟孵出后，母鹈鹕双脚叉开，钟爱地把它藏在腹下护卫着。雏鸟孵出时，全身裸露，10 天以后才长出白色绒毛。雌雄共同哺育雏鸟。它喂食幼鸟时，从嘴囊中吐出半消化食物贮存在皮囊内，幼鸟连头带颈伸入取食。4 个月后，幼鸟才长大飞出觅食。

鹈鹕鸟的一般可以活到 52 岁，是鸟类中的高寿者。不过，鸟类的最长寿纪录是 80 岁稍多一些，这是由一只名叫"考基"的雄性大凤头鹦鹉创造的。这只鹦鹉于 1982 年在英国伦敦动物园去世。1902年，当它刚成年时由其前主人饲养，1925 年被送到伦敦动物园。自那以后，它就一直在伦敦动物园生活，直至去世。

> **最长寿的驯化鸟**
>
> 最长寿的驯化鸟是家鹅，它们一般能活 25 年。英国人弗洛伦斯·赫尔饲养的一只名叫"乔治"的雄鹅活了 49 岁又 8 个月，它是 1927 年 4 月孵化的，1976 年 12 月 16 日死去。

最长寿的笼养小鸟是金丝雀。有记载最长寿的一只金丝雀是名叫"乔伊"的雄鸟，它活了 34 年。这只鸟是 1941 年在尼日利亚的卡拉巴尔买到的，死于 1978 年 4 月 8 日。

蜥蜴最长的寿命超过 54 岁，创造这一纪录的是一条雄性的蛇蜥，自 1892 年至 1946 年它一直生活在丹麦哥本哈根的动物园中。

龟的最长寿命的权威记录是 152 年稍多一些，创造者是一只雄性的马里恩氏陆龟。1766 年切互动埃·德弗雷斯尼将这只陆龟由塞舌尔带往毛里求斯，把它送给了路易斯港的军事要塞。这只陆龟（1908 年双目失明）1918 年意外地遭到杀戮。

蛇的最长寿命是 40 年又 3 个月 14 天，创造这一纪录的是一条普通的蟒蛇。这条名叫"波皮耶"的雄性蟒蛇于 1977 年 4 月 15 日死于美国宾夕法尼亚州的费城动物园。

两栖动物最长寿命的权威记录是 55 年，创造者是一只雄性的日本大蝾螈。这只蝾螈 1881 年死于荷兰阿姆斯特丹动物园。

据说，分布于南极海域的一种类似于河鲈的海鱼由于血液中含中天然的防冻剂，可以活 150 年以上。

最会做巢的鸟

提起鸟巢，我们立刻会想到：喜鹊在高大的树木上，用干树枝搭成的碗状巢；麻雀衔着细草，钻入瓦孔和树洞里做巢；家燕一次又一次地口衔泥巴在屋檐下做窝安家……绝大多数鸟类都会做巢，这是它们的一种本能。那么，谁把自己的"家"做得又精又巧呢？应该首推织布鸟和缝叶鸟。

织布鸟和文鸟、麻雀、山麻雀等鸟类，都属于文鸟科。它的外貌跟麻雀差不多，在生殖期间，雄鸟显得漂亮些，头顶和胸部羽毛变成黄色，面颊和喉部变成暗棕色；雌鸟甚至在生殖期间羽毛也并不改变颜色，它们不需要梳妆打扮就能招来爱侣。

勤劳的织布鸟，把爱情建立在共同劳动的基础上。你看，它们用植物纤维把撕剥下来的大叶片，拴牢在高大的榕树或者贝叶棕上；然后，雄雌两鸟，一里一外，一引一牵，认真缝连起来；最后，里外涂上泥土，一个风雨不透的鸟巢，一件精致的艺术品就完成了。织布鸟的巢称为吊巢，是鸟巢中最显露的，它们把巢高悬在树枝上，像个空中摇篮。织布鸟不大，体长仅有 140 毫米左右，而巢却要做成几百毫米长。巢形如蒸馏瓶或梨状。在选好的树枝上，将衔来的细草一端紧紧地系住，然后向下做成一个轻巧的实心巢颈，由巢颈往下，外壁增大，中间形成空心的巢室。巢的一侧底部留有巢口，直通巢室。在巢室内常发现有泥团，也许借此增加巢的重量，以免被大风吹掉。3~8 月间结群繁殖，常见一棵树上吊着十多个巢，非常好看。虽然彼此相距很近，可它们是从来不会进错"家"门的。用嘴巴编织鸟巢的艺术家们，一群一群地在天空中飞翔，或者是在田野上吃昆虫和谷粒。

颇为有趣的是，织布鸟并不是雌雄同巢而居，而是各有卧室的。雄鸟的风格比较高，它总是先帮助雌鸟把巢做成之后，再和雌鸟一起修筑自己的巢。所以，凡是挂着织布鸟巢的树上，至少是有两个；如果有两个葫芦挂空中，就说明这里住着一对织布鸟。

在织布鸟巢附近，常常居住着黄蜂；它们是邻居，也是好朋友。人们编织着

▲ 织布鸟

这样一个关于织布鸟和黄蜂的故事：

那是好多好多年前，一棵大树上住着一对织布鸟和一只猴子（很可能是可爱的懒猴）。为了躲避风雨和生育后代，织布鸟学会了用织布的方法筑巢；猴子却不肯学习，不会给自己搭窝。暴风雨到来的时候，织布鸟夫妇在"葫芦"里过着温暖的生活；猴子在凄风苦雨中冻得发抖。懒猴子受了苦还是不肯长进，相反却捣毁了织布鸟的巢。织布鸟不愿意和懒猴子去说理，就又织起了新巢。那懒猴子实在可恶，它乘织布鸟外出的时候，第二次捣毁了织布鸟的巢。织布鸟没办法，只好去找黄蜂。它们是好朋友，因为它们都很勤劳。黄蜂听说懒猴子如此无理取闹，就说：不要怕它，我来帮你对付它。黄蜂有一只十分锋利的尾刺，猴子是很害怕的。黄蜂叫织布鸟做自己的邻居，把鸟巢筑在蜂巢的附近。猴子又来捣乱，黄蜂全体出动，把上百只的尾针刺进猴子的身上，疼得它一边乱叫，一边逃命而去。从此，同黄蜂做邻居的织布鸟，过上了安居乐业的好日子。

我国有两种织布鸟：黄胸织布鸟和文胸织布鸟，以黄胸织布鸟较为常见，都分布在云南省的西双版纳地区。它们常栖息在居民点附近的耕地及丛林中，不太怕人。

在西双版纳，灵巧的缝叶莺跟织布鸟有同样的本领。

缝叶莺，由于它们的巢是用叶子缝制而成的，所以得名"缝叶莺"。这种鸟在做巢方面，可称得上是能工巧匠。每年 4~8 月间是缝叶莺婚配生育的时期。为了给子女准备个安乐窝，新婚燕尔的莺妈妈便开始做针线活，缝叶建巢了。它首先选择如香蕉、芭蕉之类的大型叶片，取一片或两片向下垂吊的叶子，再用它那如同缝针一样的细长弯曲的嘴，在脚的配合下把叶子合卷，并在叶子的边缘，用嘴钻些小孔，然后将一些植物纤维、蜘蛛丝、野蚕丝穿过去，一针一针地把叶片缝成口袋形，用植物绒毛填于巢的底部作为巢基。为了使巢更牢固些，它们不但在叶孔外留一线结以免脱落，还用纤维把叶柄紧紧地系稳在树枝上。它们将巢做成一定倾斜角度，以免雨水淋进。

> ## ≪ 缝叶莺 ≫
> 缝叶莺每年繁殖两次，每窝产卵 3~4 个，雌雄二鸟轮流孵化。缝叶莺不但是筑巢的能工巧匠，而且是消灭害虫的森林卫士，它们终年居住在我国南方，为保卫森林贡献着力量。

袋巢缝好以后，缝叶莺就四处寻找羽毛、细草、棉絮和植物纤维等柔软的材料，铺设成一个小巧、温暖舒适的"家"，然后就在这个外面看不见的绿色摇篮里产卵孵卵，生儿育女。

缝叶莺分布在亚洲南部和东南部，我国有三种，大多数分布在云南省。常见的如大尾缝叶莺，它身体很小，长约 10~13 厘米，身披美丽的橄榄绿色的羽毛，头戴棕色的帽子。它们活动在村落附近的园圃、竹林和小乔木间，天性活泼好动，终日跳跃在花朵枝叶上觅食昆虫，为食虫益鸟。

营塚鸟造塚为巢

　　鸟在树上筑巢，鼠在地下挖洞，这本是动物的本性；雌鸟孵卵，哺育幼雏，繁衍后代，这也是自然界的规律。然而大千世界，无奇不有，在澳洲有一种非常奇特的鸟，一反常情，具有独特的习性，它们既不在树上筑巢，雌鸟也不孵化幼雏。雌鸟产完卵便万事大吉，一切都由雄鸟"越俎代庖"，这便是世界有名的营塚鸟。

　　很早以前，人们便在澳大利亚南部干草原和东部桉树林灌木丛中，发现过一座座高大的树叶堆。它们是古代坟墓吗？可从来没有见过如此墓葬的历史记载呀；是土著人妇女为让孩子们开心而堆造的堡垒吗？也不是。于是，这些奇怪的"土堆"引起了人们的关注。

　　为了弄清"土堆"的秘密，1840年博物家吉尔贝特第一次对它进行了"发掘"工作。他就像发掘古迹那样，小心翼翼地一点一点地向下挖掘。土堆的秘密终于被揭开了。原来它并不是人工堆砌的墓塚，而是一个奇特的"孵卵器"，里面均放着比鸡蛋大一倍的蛋，这就是营塚鸟苦心堆积的塚。

　　栖息在澳大利亚南部干草原灌木丛中的营塚鸟，因所处条件险恶，冬夏气温又相当悬殊，所以它的营塚过程相当复杂，营造时间也拖得很长。初秋季节雄鸟就开始动工了。它将四周灌木、杂草衔来，先挖一个深1米、直径2.5米的大坑，夜间把找到的树枝叶埋进坑里。冬季下小雨后，树叶开始受热受潮膨胀，雄鸟就赶紧向上堆沙土，便逐渐形成一个小丘，远远看去很像坟丘——塚，所以人们叫它营塚鸟。

　　营塚鸟是一种非常奇特的鸟，它们既不筑巢，也不哺育幼雏。雌鸟只管产卵，而雄鸟则长年营塚。这种鸟很大，跟吐绶鸡相似。它们分布在南

▲ 营塚鸟

半球。

营塚鸟科具有代表性的一些鸟，都把卵产在土壤里和自己能腐烂的有机物丘堆中，这些有机物是它们自己搜集起来的，放在坑穴中，有时也放到岩石的裂缝中。这一科的鸟共有 7 属 8 种，其中繁殖方式最复杂的要算斑鸡了。斑鸡栖居在澳洲温度适宜的半沙漠地区，那里季节性的温度变化明显，而且昼夜间的温差极大。这种鸟几乎整年忙于"营塚"的事。

在气候干燥的 4 月里，雄鸟要挖一个大土坑。整个 6 月和 7 月，雄鸟从一定范围内搜集树叶，用来填满这个坑穴。7 月末，坑穴隆起约有 30 厘米高。这时就开始下雨了，树枝和树叶被雨水浇透，鸟在树叶上盖一层沙土，于是坑堆里开始腐烂，坑堆温度急剧上升。但是，只有到了 8 月末，雄鸟才让雌鸟接近坑堆——天然的"孵卵器"，好让雌鸟产下第一枚卵，4 天后再产一枚，逐渐积累到 20~30 枚。

打这以后，雄鸟便不间断地守候在巢穴边，担负起孵化幼雏的任务。它在坑穴附近捕食，睡在坑穴边的灌木枝上。天一破晓，雄鸟便开始工作。它先把堆穴上的东西全部移开。坑穴中的温度开始下降。此后，雄鸟再把被风吹凉了的沙土放回原处。到了盛夏，当发生"过热"危险时，雄鸟便把坑穴再堆高些。为了调节温度，在盛夏黎明到来前，先把腐土堆掘开，薄薄地摊在地面上，让清凉的晨风吹拂着，中午又把这些沙子撒到腐土堆上；到了秋天，温室需要加温，雄鸟又把晒热了的沙土收集起来，放在卵上。

就这样，雄鸟从秋到冬，从春到夏，整整辛苦了 11 个月，每天都要起早贪黑地忙碌着。每个卵的孵化期为 60 天。幼雏在坑穴中破壳而出，并且逐个地从坑穴中爬出来。它们一爬到地面上，便立刻跑到森林中去，而且当天傍晚就能开始飞行，无需雌鸟哺育。第一只雏鸟大约在当年的 11 月孵出，而最后一只雏鸟破壳而出要在翌年 4 月中旬呢！此后不久，雄鸟又必须开始准备新的"营塚"了。

营塚鸟为什么要费这么大的力气造塚为巢呢？这个问题有几种说法：一种认为土塚是它们的记号，以便日后找到它们产卵的地方；另一种说法认为它是用来保护卵不受侵犯的装置。因为土塚不易被水淹没掉，便于增温孵卵；还有一种说法，认为土塚可以产生地面阻力，不易遭受人和动物的践踏和破坏。这些说法虽然缺乏可靠的科学依据，但是对解释营塚鸟造塚埋卵的现象，却是一些必不可少的研究线索。

善于跳水的钓鱼郎

　　翠鸟，头大体小，嘴强而直，尾羽甚短，却是飞翔能手，速度可达每小时 90 千米。尽管它有"钓鱼郎"之称，却生来不善游泳。不过，它会跳水，这就使所有问题迎刃而解了。

　　翠鸟猎捕鱼的绝招是突然袭击。它们捕鱼的方式犹如蜂鸟，在离水面 3~4 米的高处翱翔，窥伺着它所要追捕的鱼群。多数情况下，它们以小河或池塘边低拂的树枝或芦苇作为隐匿处，从这里猝然出动。它们的捕鱼动作看上去似乎有些粗野，但在它们经常出没的水流清澈、周围宁静的湖畔或河边，这种方式行之有效，所捕获的鱼类多在水下 50 厘米处。它们食性广泛，对那些长度在 7 厘米以下的小鱼都是来者不拒，还捕食昆虫，偶尔也吃一些水生植物，为了填饱肚子嘛！因为翠鸟在捕鱼时是直接对准猎物扎入水中的，因此在发动攻击前，必须准确地估算出理想的进击角度，还要考虑到它所窥伺的鱼群正在游动的速度，犹如用枪打飞碟一样，以此来决定一个恰当的准确的跳水时间。因为翠鸟不但不能在水中追逐鱼类，而且一经入水，翠鸟的瞬膜在浸水后立即覆盖住眼球，它们就成了一个十足的瞎子。关于翠鸟在跳水时如何估计折射率，从而调整它从空气中观察水中猎物时所产生的视差，使自己有一个正确的落水点，这一问题还有待于进一步研究。

　　翠鸟在扎进水中时的动作是如此凶猛，以致在水中不得不用翼翅刹住这一过程，如同在空气中使用降落伞一般，翼翅在水中和空气中的制动作用完全一样，只是水中的制动能力要比在空气中大得多。

　　在翠鸟扎进水中的瞬间，由羽毛引起的一定数量的压缩空气，使它像气泡一样重新浮上水面，这时翠鸟只需顺势出水就行了。相形之下，鹭鸶和鸬鹚在水中捕鱼以后再返回上空，那就费力得多

▲ 翠鸟

了。翠鸟远不如上述鸟类强健有力，但为取得以鱼为主的每日口粮，它们潜水的次数要比其他鸟类多得多，因此它们必须将出水动作变成一桩轻而易举的事情，这样才能最大限度地节省自己的体力消耗。自然界为它做了巧妙的安排，翠鸟如同自深水下发射的火箭一般，摆脱水的羁绊，成功地飞向天空，就像我们将一个气球发射至水下数米后，它仍浮回水面一样。翠鸟紧衔着小鱼飞回到栖息处，抖动一下丰满的羽毛上沾着的水珠，先把鱼头吞噬下，然后再享用这一顿美味的鱼餐。值得一提的是，所有这一切都发生在一秒半钟之内。

有关翠鸟生活中传宗接代的逸闻，那也是挺有趣的。

每年 4 月中旬，或者更早些时候，配成对的翠鸟在小溪、河流或沙滩的陡坡上，营建巢穴。选择地点是雌鸟的事，它用爪和喙挖出一个高 12 厘米、阔 17 厘米的椭圆形洞穴作为自己的产房，当雌鸟在进行建造时，雄鸟会按时把鱼送来，这些鱼都是从远处捕得的。它每小时能飞 90 千米呢！有一段时间，雌鸟每天要单独在穴中待上几个小时，作为"试巢"。与此同时，雄鸟也倍加殷勤地为她提供食物，并设法把雌鸟"请"出来，使自己像雌鸟那样在巢里待上一会儿，这是一种模拟中的孵化动作。随后，交尾很快进行，交配的地点总是在那些近巢的水面树枝上，按照一天两至三次的节奏，约持续十天左右。随后，雌鸟去洞穴深处产蛋，当蛋产满时，她就开始孵窝，一窝白色而又坚

> ## 《《 翠 鸟 》》
>
> 翠鸟，也称"钓鱼郎"，体长 15 厘米，头小，体小，嘴强而直。额、枕和肩背等部羽毛，以苍翠、暗绿色为主。耳羽棕黄，颊和喉白色。飞羽大部分黑褐色，胸下栗棕色。尾羽甚短。常栖息水边树枝或岩石上，伺鱼虾游近水面，突然俯冲啄取，危害渔业生产。为中国东部、南部常见的留鸟。

硬的鸟蛋 6~7 枚，孵化期为 21 天，这期间两只鸟轮番替换孵窝，在白天这种接力赛每一个半小时轮换一次，分毫不爽。

三个星期后，粉红色、赤裸裸的小翠鸟在鱼刺和鱼骨组成的垫子上出世了，这个垫子由老翠鸟的反刍物分解而来。在洞穴的深处，母亲为这些幼雏暖和着身子，大约过了十天以后，它们就被单独留在穴中，当然，在雨天或寒冬，这些幼雏往往会成为老鼠和白鼬们口中的美味。小翠鸟由它们的父母肩负起喂养之责，在喂食时，它们拥塞在洞穴凹下的进口处，一个挨一个接受食物。

出生 25 天后，年轻的翠鸟们带着身上的全部羽毛，离开它们的巢，立刻升腾而起，一个个都会飞翔了。几天后，它们就能单独捕鱼了。于是父母便会把它们从自己的领地上逐走。一对翠鸟每年会有规律地孵蛋 2～3 窝，然而很少有幼雏能幸运地长到成年，换句话说，能成为"高台跳水冠军"的也就微乎其微了。

长尾鸟勇斗响尾蛇

　　别看美洲长尾鸟体态娇小，长不到 60 厘米，高不过 23 厘米，但它奔跑的速度可达每小时 32 千米。如果举行一次沙漠鸟类长跑运动会的话，它准能与长跑冠军鸵鸟比试一阵子。正因为它善跑，人们叫它"鲁得纳勒鸟"，译成中文是"善跑的鸟"。

　　长尾鸟是一种罕见的珍禽，它身体呈流线型，两翼的羽毛黄黑相间，闪烁着绚丽的光泽；尾羽特别长，呈黑色。它生活在美国得克萨斯州西部的沙漠地带。它独特的生活习惯、罕见的适应沙漠气候的能力早已引起生物界的关注。1983 年的某一天，得克萨斯州西部沙漠地区气温上升到 39℃，沙漠旅游者都躲进了有空调设备的旅游车，可生物工作者马瑟·惠特逊却顶着烈日，在茫茫的沙漠中找寻长尾鸟的踪迹。为了防止沙漠灌木刺破皮肤，他穿着长筒靴和厚厚的长衣皮裤。他仿佛置身于炎人的火炉之中，汗水像小溪似的流。通过一段艰难的行程，他终于在一棵树上发现了长尾鸟精巧的窝，它距地面大约 4.5 米。长尾鸟一见到人就立即发出惊恐的叫声，这声音真怪，有点像汽车喇叭的鸣叫声。马瑟在这棵树周围悄无声息地进行了数日的观察，他发现长尾鸟不仅能发出汽车喇叭似的声音，而且还能发出另外 15 种不同的声音，如雄鸟求偶时的咕咕声、雌鸟修巢时的呜呜声……每一种叫声都包含有不同的意义。

　　长尾鸟主要吃昆虫，这可帮了农民的大忙。但也吃植物的嫩芽、蜗牛、老鼠、蝎子、塔兰图拉毒蛛、黑寡妇（美洲一种有毒的雌蜘蛛）和一些鸟类。长尾鸟以勇猛著称。在得克萨斯州西部沙漠地区有不少关于长尾鸟啄死响尾蛇的传说。响尾蛇是最善斗的一种毒蛇，它活动的区域不要说是沙漠动物，就是人也不敢贸然进入。难道长尾鸟斗得过响尾蛇吗？百闻不如一见，为了证实这一点，马瑟在树的附近放了几条响尾蛇，不一会儿，长尾鸟和一条响尾蛇就开始交锋了。长尾鸟旗开得胜，一开始就在响尾蛇的头部猛啄了好几下，蛇奋起反击，高高地昂起了它尖尖

▲ 长尾鸟

的头，长尾鸟则张开双翼，扑腾一下跃离了地面，任凭蛇怎么伸直身子，也休想够得着它。而机灵的长尾鸟又乘蛇不备，从另一个方向瞄准蛇的头部猛啄一口，响尾蛇招架不住了，它赶快将身子卷作一团，把头藏了进去。长尾鸟绕着响尾蛇盘旋了一阵子，因找不到蛇头而遗憾地飞走了。

《《 响尾蛇 》》

响尾蛇是一种毒蛇。长约2米。体呈绿黄色，具菱形黑褐斑。尾端有角质环，剧动时能发声，所以叫"响尾蛇"。分布于北美洲。在南美洲也有近似种。

长尾鸟求偶的方式滑稽而有趣。美国生物工作者布鲁什·佩尔曾做过如下试验：在长尾鸟活动的区域，慢慢开进一辆遥控玩具小坦克，车上放着一部自控照相机，相机上亭亭站立着一只美丽的雌长尾鸟的模型，模型四周用仙人掌、洋槐树枝伪装起来。布鲁什躲在上百米外的土墩后面进行观察和控制。不一会儿，一只雄长尾鸟扑闪着翅膀飞过来了，它嘴里衔着一根树枝，绕着雌鸟模型不断兜圈子，仿佛在说："咱们一起砌窝吧！"雌鸟当然不会有反应，雄长尾鸟也许觉得它的情侣嫌见面礼不够丰盛，它甩掉树枝，扑腾一下飞走了。没过多久，又衔着一条蜥蜴飞来了。它不断地摇着尾巴，以求得情侣的青睐。雌鸟模型当然还是无动于衷，这一次可把它惹怒了，它一跃而上，用铁钳似的爪子抓住模型的前胸，锋利的嘴巴在它的头部猛啄起来……此外，据布鲁什多次实地观察，发现狡猾的雄鸟并非与雌鸟一见面就奉献自己的礼品，它只不过是炫耀炫耀，直到它与雌鸟交配以后，才会心甘情愿地让雌鸟享受自己的馈赠。

沙漠气候的特点之一是白天和夜晚气温相差悬殊。白天气温高达40℃，而夜晚气温又骤然下降到10℃。为适应这种特殊的气候，长尾鸟一到夜晚体温就自然下降，这就减少了能量的损耗。长尾鸟也很善于储存热量。每天清晨，它总是面向太阳，羽翼吸收足够的太阳热。下午，当太阳降落时，它又张开双翼，散开羽毛，背对着太阳，这样，它背部的皮肤就能起到太阳能吸收器一样的作用，既不消耗能量，又提高了体温。据测定，长尾鸟用这种巧妙的办法每小时能节余550卡左右的热量。

长尾鸟肉不仅是上等佳肴，而且可以入药。据报道，长尾鸟、洋葱、番茄、大蒜炖服可治疮疖、搔痒、肺病和麻风病。

长尾鸟是一种令人喜爱的鸟，它是美国新墨西哥州的州鸟，也是得克萨斯州民间文学协会的标志。在美国西南部和墨西哥有这样一种神奇的传说：如果你在旅游中有幸看见一只长尾鸟横越过你的去路，那就预示着你将一路顺风。因此，在旅游者的心目中，长尾鸟是吉祥的鸟。

最无情无义的鸟

夏初，小麦即将收割，稻谷就要插秧，杜鹃便从千里以外的南方飞来"北国"繁殖。这时，在田地的上空和茂密的大树中，不断传来类似"快快收割"、"快快播种"的叫声，好像在提醒人们不要贻误农时，声音悦耳动听，可它还有一种极不光彩的本能，说它"无情无义"一点也不过分。

杜鹃，也叫"布谷"，体长 33~35 厘米。雄鸟上体纯暗灰色，两翼表面暗褐。尾羽皮羽干两侧及内缘有白色细点，其余部分是黑色。颏、喉、上胸及头、颈的两侧淡灰色；下体其余部分白色，杂有黑褐色横斑。雌鸟羽毛相似，但上体灰褐色，胸呈棕色。雌鸟还有另外色型，其上体及下体前部，满布栗红、黑褐两色相间的横斑。栖于开阔林地。不自营巢，卵产于苇莺等鸟巢中。

杜鹃在印度和印支半岛等地度过冬天，到了春末夏初，便向北飞，飞回老家。杜鹃的叫声很好听，而且不停地叫。杜鹃口中呈鲜红色，所以在旧文学中有"杜鹃啼血"的说法。杜鹃性情孤独，平时多单独生活，即使是在繁殖期间，也不像其他鸟类那样，雌雄成双成对地生活在一起，彼此相互照应。它们雌雄乱配。杜鹃的警惕性很高，行动也很敏捷，经常隐藏在茂林树荫丛中，虽常闻其声，却难见其踪影。即使看到它们，也是影子一闪，又很快地钻到另外的地方去了。

有趣的是，杜鹃既不会做窝，也不会孵卵，更不会育儿，却把这些事偷偷地推给别的鸟儿去做。这种"托儿"的鸟在动物中是十分罕见的。五六月间，雌鸟就要临产了，它频繁地活动在丛林、苇塘间，东张西望，这时他正物色其他鸟巢，如黄莺、云雀等鸟的巢，当它物色到合适的鸟巢后，就守候在附近，并做好产前准备。一旦巢中老鸟飞出巢去，它就迅速地乘虚而入，急忙产下一个卵，然后又装作若无其事的样子边飞边叫地逃走了。有时一下子找不到合适的机会，只好先把卵产在地上，等瞅准了机会，再用嘴衔着自己的卵，偷偷地放入别的鸟巢里。孵卵的任务

▲ 杜鹃

就叫人家代劳了。

更有趣的是，杜鹃有一种魔术般的本领，它产的卵与巢"主人"的卵，无论是大小、形状，还是颜色，甚至连花纹都和"主人"的卵极其相似。鱼目混珠，难以分辨。于是，巢"主人"就把它当成自己的卵，一起精心地孵化了。杜鹃的卵发育很快，比同巢内"主人"的卵要早孵出，12天后杜鹃雏鸟便破壳而出。

杜鹃雏鸟出世后，光着赤裸裸的身体，闭着眼睛，两条腿也不会走路，全靠"义亲"喂养。可是，这个贪吃的"小家伙"为了达到独占一巢的目的，竟拿出了一招"无情无义"的绝技，排挤同巢的卵和雏鸟。它先将身体伏在巢底，然后再用臀部贴着巢底慢慢后退，当身体接触到巢内的卵或雏鸟时，便将其巧妙地背在自己的背上，继续退到巢边时，猛然立起身体，伴随小小翅膀的鼓动，将它们抛到巢外，休息片刻后再接着干这种罪恶的勾当，直到独霸全巢为止。这是杜鹃经过长期的自然选择后，所具备的遗传性。

杜鹃的雏鸟胃口很好，食量也很大。刚刚出壳的时候才2克重，2～3周后，体重猛增到100克，比它的"义亲"还要大。"义亲"并不知道它杀害了自己的"子女"，还每天不辞辛苦地到处捕食来喂养这个杀害自己"子女"的刽子手。巢内逐渐已容纳不下杜鹃的幼鸟了，但它还是站在巢旁的树枝上，张着嘴要东西吃，"义亲"仍旧尽力啄虫来喂它，不知花费了多少精力。等到杜鹃幼鸟长满了羽毛，能够独立生活了，这个不忠不孝的孽子就不辞而别地飞离巢穴，再也不回来了。

杜鹃每年平均产蛋8~15枚，每隔几天产一次。每飞到一个巢窝，只产1枚蛋。因此，杜鹃每年要毁灭8~10窝莺、画眉等小鸟，是残害小鸟的"阴谋家"、"凶手"。

杜鹃虽然有这段不光彩的历史，但它作为一个捕虫吃虫能手，却是人类的好帮手。松毛虫是林业的第一大害虫。松林一旦发生松毛虫害，如不及时控制和消灭，往往会导致成片松林的死亡。我国浙江省金华市有一年曾发生过一次松毛虫酿成的灾害，被害松林面积达8万亩，估计损伤松林2400万株。由于松毛虫全身长有毒毛，只有很少几种鸟敢吃它，而杜鹃则首屈一指，被誉为吃松毛虫的英雄。一只杜鹃在一小时内能捕食成百只害虫，有人曾在一只杜鹃的胃里捡出300多条松毛虫；还有人从一只杜鹃的胃里捡出633个松毛虫的卵。诚然，如果松毛虫已经成灾了，光靠杜鹃鸟啄食，实难彻底解决问题。不过，如果有了足够数量的杜鹃，就可以把松林内的幼龄松毛虫吃光或大大减少其数量。由此看来，杜鹃无疑是益鸟，应该受到保护。

喜欢唱歌的喜鹊

　　有一则寓言说，喜鹊窝做得很考究，不但上面盖了一个顶，还开了一洞门。斑鸠决心学习它的技术，于是到现场参观，刚看到喜鹊摆上几根柴就飞走了，以为自己全学会了，能做窝了。所以，斑鸠的窝做得非常简陋，落得一个"鹊巧鸠拙"的评语。难怪儿童歌谣唱道："喜鹊做窝又做盖，斑鸠做窝八根柴。"

　　画家以喜鹊为型作画，祝愿人们开门见喜。这不全是虚构。喜鹊是一种常见的留鸟，喜欢在人家宅旁的高楼上做窝，开门见到喜鹊是常事，但倒不一定是什么喜事。

　　"鹊噪鸦啼，并立枝头谈祸福；燕来雁往，相逢路上话春秋。"这副对联的上联是说喜鹊叫，将有喜事临门；乌鸦叫，则是不祥的兆头。故人们喜爱喜鹊，不喜欢乌鸦。其实，从科学的观点看，喜鹊、乌鸦同人们的吉凶毫无关系。

　　那么，人们为什么喜欢喜鹊而讨厌乌鸦呢？

　　这是因为乌鸦大都毛色乌黑难看、叫声粗劣、凄厉、单调、聒噪不停，又多盘旋于腐臭的东西周围，人们就因为外形、叫声和某些生活习性而讨厌它，以为是"不祥之鸟"。喜鹊则喜欢接近人，捕食时，常跳跃一下，或轻转身体，翘翘尾巴，发出一声或连续两三声动听的叫声，因而招人喜欢。

　　不过喜鹊和乌鸦却同属益鸟。根据调查，喜鹊吃的食物约 80% 以上是危害农作物的害虫，如蝗虫、蝼蛄、金龟子、夜蛾幼虫和松毛虫等，只有 15% 是谷类和植物种子；乌鸦虽在春播和秋熟时，觅食田间农作物幼苗或田埂旁的遗落谷粒，但主要食物还是蝗虫、蝼蛄和鳞翅目昆虫。有人解剖过一只乌鸦，发现它的嗉囊里有蛾虫 2 只、蝼蛄 3 只，还有其他许多害虫。此外，乌鸦性喜搜寻腐食烂肉，能有助于清洁环境。它在林区还是捕食椿象、叩头虫等的"能手"，对于保护森林资源是有益的。

　　这里特别值得指出的是灰喜鹊是围剿松毛虫的天兵天

▲ 喜鹊

将。灰喜鹊是我国林区中常见的一种留鸟，能捕食针阔叶林中 30 多种害虫，尤其是嗜吃危害松林的松毛虫。据调查，一只成鸟在一年之内可以吃掉 15000 多条松毛虫，平均能保护 1~2 亩松林。山东省日照的林业科技人员，对灰喜鹊进行人工饲养驯化已获初步成功。当驯鸟员把一群经过饲养驯化后的灰喜鹊带到有虫的松林中放飞后，灰喜鹊就会逐棵逐枝地去寻找害虫。当遇到个大体长、满身毒毛的松毛虫后，灰喜鹊就会用铁钳般的硬嘴把松毛虫叼住，然后在树枝上或石头上连续不断地叼啄和摔打，直到松毛虫血肉模糊后才一口吞食下去。灰喜鹊在寻食过程中，一旦听到驯鸟员的口哨声，就停止寻食，从四面八方飞回到驯鸟员的周围落下休息。大约一对灰喜鹊可以管 50~20 亩松林。由人工饲养驯化后的灰喜鹊，能够听从人们的调遣到任何有虫的林区消灭害虫，也能把过去由于滥施农药治虫时已经绝迹的鸟类，如大山雀、杜鹃、戴胜、伯劳、喜鹊等招引来。在众多鸟类的共同"战斗"下，使原来松毛虫危害严重的松林逐步得到有效的控制。

在严寒的冬季，喜鹊偶然也参加乌鸦的队伍，混在戒百上千的乌鸦群中，黄昏绕着树林啼鸣，叫做闹霜，又叫噪寒。一般它不会离巢太远，不会结成庞大的队伍，也不过孤独生活，似乎笃于伉俪之情，夫妇双双，守着老巢。"乌鹊双飞，不乐凤凰，妄是庶人，不乐宋王"，一向被看做夫妻坚贞、不畏强暴的情歌。大约冬季以后，它们夫妻协力，开始经营自己的家庭，选择宅旁的高楼乔迁，在平原树

> ### 《 喜 鹊 》
>
> 喜鹊，我国有四个亚种。普通亚种体长约 46 厘米。上体羽色黑褐，具有紫色光泽，其余部分白色。尾长，栖止时常上下翘动。杂食性，多营巢于村舍高树上。为中国分布极广的留鸟，沿海地区尤为常见。

木稀疏的地方，就是风车的顶篷、电线杆头都能巧妙地搭上牢靠的窝巢，有时海滨草原、矮小的独立楼也会被选中，给人以"斯是陋室，唯吾德馨"的感觉。喜鹊的巢是用干枯的树枝堆积成的，往往是以旧巢作基础，在上面重建新巢，形成楼台，里面垫上杂草、兽毛、苔藓之类柔软的东西。特点是巢顶盖上一个顶篷，顶端的侧面开一个洞门，这不仅为了防风雨，更重要的是防御敌害的侵袭。至于"鹊巢鸠占"的传说由来很久，《诗经》上说"维鹊有巢，维鸠居之"，比作两家结秦晋之好。这是诗人的想象，其实喜鹊在新巢筑成之后，就夫妻协力，对对守卵，它是比较勇敢的鸟类，遇有鸷鸟侵袭，就全力抵抗。斑鸠占的是喜鹊废弃的旧巢，喜鹊在旧巢上面重筑新巢，斑鸠、喜鹊作了楼上楼下的邻居，却不是结儿女亲家。

喜鹊在 3 ～ 4 月间产卵，每窝产 4 ～ 5 枚，卵壳蓝绿色，间有褐黄色的斑点。大约孵卵 20 天左右，雏鸟就出世了，待亲鸟哺喂到羽毛丰满，能独立寻食，幼鹊就离开父母，展翅高飞了。

鸡窝里飞出金凤凰

　　光绪二十年（1894 年），慈禧六十大寿，正值甲午战争，第二年又遇全国罕见的灾荒，慈禧不顾国家割地赔款、天灾人祸的困难局面，不管灾民流离失所、饿殍遍野的惨痛现状，居然下令将已修好的隆恩殿及东西配殿全部拆除重建。这个庞大的工程持续了十四年，直到慈禧死后才完工。

　　重建后的隆恩殿及东西配殿，其工料之贵重，工艺之高超，装修之华丽，都居于明、清两朝后陵的首位。隆恩殿红褐色的门窗隔扇、梁枋、檐柱，乍看不如红漆料绘的梁枋艳丽，其实用的都是坚硬有光泽、纹理精细美丽的红褐色名贵花梨木。它的学名叫海南檀，是制作精细家具的上等原料，所以采用了精制而不加油饰的传统工艺。梁枋上，为直接沥粉贴金的"和玺彩画"，是清式宫廷建筑中最高级的一种彩画形式。所有"福、寿"字、锦纹，以及千姿百态、大大小小的行龙、卧龙、升龙、降龙，都用赤、黄两色金叶贴成，光是金龙就有 2400 多条。全部彩画堂皇富丽，庄严肃穆。

　　隆恩殿正中的丹陛上，有一块长 318 厘米、宽 160 厘米的石雕，周边有缠枝莲花、福寿三多图案，中央雕着"凤引龙"。那丹凤凌空展翅，穿云俯身向下，蛟龙曲身出水，腾空昂首向上，龙、凤相戏火珠。在整个石雕的龙、凤身上，略施透雕的技巧，使龙爪、龙尾、龙须、凤冠、凤足等有十处镂空，显得格外玲珑剔透。像这样的陛阶石，在明、清两朝宫廷内也极为少见。在隆恩殿周围 69 块汉白玉栏板上，也精心雕刻着"凤引龙"的浮雕。飞翔在祥云之中的丹凤，回首顾盼；奔腾在海水之间的游龙，追逐向前。70 多根望柱头更明显地表露出"凤引龙"的寓言。在望柱头中，龙凤望柱头等级较高，多用在皇宫建筑中显赫的部位，大部分按一龙一凤相间排列，故称为龙凤望柱。慈禧陵望柱头上，单单雕刻着"翔凤穿云"，而柱身均为出水升龙。又是一个凤在上、龙在下的布局。在大殿前五出陛阶两侧，所有的抱鼓石上，都雕刻着一只亭亭玉立的团凤，下面浮雕着一条昂首游龙。整个雕栏共有 230 多只凤，300 多条龙，都雕刻得活灵活现，可同故宫御花园里钦安殿周围的"龙穿百花"的石雕栏相媲美。

　　在中华民族的吉祥符号和文化象征中，凤凰的地位仅次于龙，它是中国古人对多种鸟禽和某些游走动物模糊集合而产生的神物，所谓"羽虫三百六十而凤凰为之长"（《格物总论》）。而鸡，则是凤凰比较重要的取材对象之一。

　　鸡的种类有多种，如锦鸡、野鸡、家鸡等。

锦鸡又称"金鸡"。雄金鸡头部散覆着金黄色的丝状羽冠，后颈部围生着金棕色的扇状羽，形如披肩，脸、额、喉及前颈均为红色。周身羽毛，上背是浓绿色，羽缘带黑，中背和腰部是浓金黄色，至腰侧又转为深红色。尾羽超过体长两倍以上，大部分由黑褐色、桂黄相间成斑状，到端部又逐渐转变成赭石色。如此漂亮的羽衣，是名副其实的"五色备举"了。

▲ 鸡

野鸡又称"雉"，有环颈雉、孔雀雉、长尾雉等多种。雉的羽衣很华丽，黑白红褐黄各色间呈，且鸣声清脆。有的长尾雉尾羽达一米以上，舒展漂亮，接近于"凤凰尾"了。

野鸡经过饲养驯化，便逐渐成为家禽。家鸡喙短锐，足强健，有冠有髯，翼已退化，不能高飞。公鸡羽毛美艳，鸣管发达，善以时而鸣，膺司晨之职，因此被古人称为"阳鸟"（《周易纬·通卦验》）。在民间传说中，鸡常常担当着叫醒太阳的"神鸟"的角色，甚至有"鸡本身就是太阳变"的说法，如畲族的《金鸡叫太阳》、汉族的《天鸡和太阳》等。

按《说文》所言，鸡是将自己的长喙尖嘴贡献给了凤凰。其实不仅如此，鸡和凤凰还有更多的关系。《乐叶图》称"凤凰至，冠类鸡头"，这是说凤凰头上的冠类似于鸡冠。陕西商洛丹凤县的凤冠山亦称鸡冠山。汉代李陵有"凤凰鸣高岗，有翼不好飞"的诗句。这"有翼不好飞"，也该是鸡的特征。中药里有一味能"润肺开音止咳"的"凤凰衣"，其实就是家鸡蛋壳内的干燥卵膜。而在中华传统菜肴中，大凡以凤凰为名的，一般都是鸡。如鸡爪被称为"凤爪"、鸡翅被称为"凤翅"、鸡腿被称为"凤腿"等。

整体上"以凤凰为鸡"或"以鸡为凤凰"的情形也多有所见。《山海经》载，丹穴山有一种鸟，"其状如鸡，五采而文，名曰凤凰。"《拾遗记》载，唐尧在位的时候，某小国献来一种重明鸟。这种鸟"双睛在目"，"状如鸡，鸣似凤"。能搏逐猛兽虎狼，使妖灾群恶，不能为害。后来人们就依照鸡的形象，将其或刻或铸或画于窗牖之上，以退魑魅丑类。

人们口谚中的"鸡窝里飞出金凤凰"、"凤凰落架不如鸡"等，都说明凤凰和鸡是相近的、相关的。似乎可以这样理解："鸡窝里飞出金凤凰"，是说鸡可以升华、"神化"为凤凰；"凤凰落架不如鸡"，是说凤凰也可降落，"俗化"为鸡。

珍鸡奇趣

早在新石器时代，属于龙山文化时期（约在公元前 2500 年）的遗址中，已发掘到鸡的大小腿骨骼及前臂骨。在公元前 16 世纪到公元前 11 世纪的甲骨文里，已有鸡字。所以鸡的饲养驯化在我国至少有 3000 年的历史了。家鸡的祖先是原鸡，至今还生活在地球上。

原鸡也叫红原鸡，在我国分布于海南岛及广西、云南南部地区，在西双版纳一带称"茶花鸡"。原鸡生活在热带森林和旷野里，听觉和视觉非常灵敏，只要听到异常声音，就会惊起直飞或疾步逃窜到丛林隐蔽起来。原鸡食性复杂，常以植物性食物为主，如种子、树叶和各种花的花瓣。动物性食物是白蚁、蛾、蝗虫等各种昆虫。和家鸡一样，原鸡喜啄少量沙砾。

原鸡每年二三月开始繁殖，繁殖期内，雄原鸡喜欢搏斗，胜者能得到配偶。原鸡营巢在树根和地面上，年产卵两次，每窝产卵 6~8 枚，最多可达 12 枚。

原鸡翅短而圆，飞翔能力差。它的天敌很多，主要有狸猫、黄鼬、鹰、隼、鸮等，还有些爬行动物、啮齿动物常威胁它们的卵或幼雏。近年，由于森林的砍伐，原鸡的数量和分布面积急剧减少。

鸡的祖先是原鸡，后经人工培育和长期驯养，按照杂交的不同目的，就育成了形形色色的有趣的鸡了。

菊花鸡。又名波兰带冠鸡，它羽毛纯，有银白色、金黄色和亚黑色等多种。最漂亮的可算它头顶的冠羽了，特别的长，每当它昂首远望的时候，妩媚多姿，望去好像一朵朵盛开的菊花。因此，人们把它作为一种观赏的珍禽而饲养。

长尾鸡。是日本人民培养的珍禽。1974 年日本高知县一只公的长尾鸡，尾羽长达 12.5 米；1980 年，高知县又培育了一只公的长尾鸡，尾羽长达 11.5 米。可是由于"鸡年"除夕的临近，日本各电视台争相邀它"演出"，以致尾羽中最长的一根羽毛断掉了一米。日本政府还把这

▲ 原鸡

光颈鸡。它生长在匈牙利，头颈不生羽毛。光颈鸡非常容易被别的鸡同化。有人做过试验，把光颈鸡和普通鸡交配，第一代都是光颈鸡，第一代再与普通鸡交配时，产生第二代就减少 3/4，以后一代一代再继续与普通鸡交配，比例就愈来愈小了，变成了清一色的普通鸡了。

剪毛鸡。产在我国北京一带，又名北京油鸡，羽毛呈深红褐色，公鸡羽毛光泽闪闪，头上毛冠既发达，又很美观，但长得很长的时候，会将眼睛遮住，需要常常帮助它剪短，脚上的毛也很长，毛色一致，是"毛脚毛眼"的鸡。

长牙齿的鸡。日本科学家为了降低养鸡成本，减少饲料加工的劳动力，他们用诱发鸡雏胚胎基因的方法，培育出了一种长牙齿的鸡。这种鸡的上下颌都长有牙齿，它吃东西时能把大块食物嚼碎咽下，饲养人员不必把饲料粉碎得太细。

无毛鸡。美国科学家利用遗传工程，培育出了一种无羽毛的鸡。这种鸡全身不长一根羽毛，皮肤呈紫红色。无毛鸡有很多优点：散热好，抗高温，消耗饲料少，屠宰加工方便。此外它的肉质很细嫩，烹调食用味美色鲜，芳香可口。

下彩色蛋的鸡。美国科学家培育出一种会下彩色蛋的鸡。这种鸡是由美国农场的普通鸡和南美洲的南洋鸡通过杂交培育出来的。南洋鸡的蛋壳呈淡蓝色，而杂交出来的鸡不仅能下蓝色蛋，而且还能下绿色蛋、粉红色蛋、草黄色蛋。更有趣的是，由彩色蛋孵化出来的小鸡，长大后也能下彩色鸡蛋。

凤毛鸡。山东牟平县解家庄乡一位农民养了一只鸡，生了三年蛋后开始慢慢地在变：脸色由黄变红，头顶上的一撮绒毛长成了紫红色的长羽毛，尖稍带白毛；身上的羽毛由深褐色变成红、绿、黑相间；尾羽虽少却很长，浑身金丝金鳞，在阳光的照射下十分美观。这只变异母鸡不再下蛋，食量渐少，跟普通鸡大小不一样，很像是传说中的"凤凰"。

超重鸡。美国加利福尼亚州有位农民养了一只白母鸡，重达 10 千克，称之为"超重鸡"。它斗死过一只它自己生的、重 8 千克的"儿子"，还和狗打过架，并把狗打残废了，这只鸡也曾伤过它的主人。

碘蛋鸡。这种鸡是前苏联科学家利用改变饲料的营养成分培育而成。下的蛋比一般鸡蛋的含碘高出几十倍，除了食用，还可以治疗哮喘、皮炎和高血压等症。

此外，还有乌骨鸡、斗鸡等等。

如此种种，真可谓大千世界无奇不有，芸芸众鸡，千奇百怪。

斗　鸡

斗鸡，产生在欧、亚、美三大洲。在南美洲的巴西，斗鸡风行，全国有斗鸡场两千多个，用来娱乐，也用来赌博。斗鸡身体长得结实，体型仿佛锥棒。斗鸡相斗时，忽而嘴啄，忽而爪挠，忽而翅扫，有时主动进攻，有时静观动向，伺机反扑，场面十分惊险。

话说母鸡打鸣公鸡下蛋

鸡声茅店月，人迹板桥霜。

这是温庭筠《商山早行》一诗中最著名的诗句，也可看做是一副绝妙的楹联。这副对联中，诗人将"鸡声"、"茅店"、"月"和"人迹"、"板桥"、"霜"这六个名词巧妙地排列在一起，勾勒出一幅美丽的山村早晨的画卷：一只大雄鸡正引颈高啼，天边挂着一轮明月，可是住在茅店里的旅客，却早已上路了，在布满浓霜的板桥上，留下了早行人的足迹……这不仅是一副情景交融的楹联，也是一幅惟妙惟肖的深秋山村早行图。

还有一个关于鸡引颈啼喔的对联故事，更是趣味横生。

故事说，旧时有一位秀才，有一天来到江苏省泰县一个名叫"白朱"的小集镇，恰巧天已中午，一户人家的一只长满白色羽毛的大公鸡正引颈啼喔，秀才随即吟出一句上联：

白米白鸡啼白昼；

此上联连续应用了三个"白"字，任凭秀才苦思冥想、搜索枯肠，下联再也对不出来了。隔了数年，秀才又路经一个名叫"黄村"的村庄，时已傍晚，一只大狗正站在村头对着这位不速之客汪汪大叫，才思敏捷的秀才触景生情，终于对出了下联：

黄村黄犬吠黄昏。

公鸡打鸣，母鸡下蛋，这是天经地义的事。可是，为什么有的母鸡也打起鸣来，公鸡却下起蛋来呢？

有人说，母鸡打鸣是不祥之兆。这种说法有根据吗？

回答是否定的。科学实验证明，母鸡打鸣并不是什么不祥之兆，而是因为它发生了生理变态。生物学把这类现象称作"性反转"，或者叫做"雄化"。

为什么会发生这种怪

▲ 鸡

现象呢？这是由于某些因素影响了鸡体内器官的正常发育所造成的。动物的雌性和雄性，是由体内生殖腺和它所分泌的性激素直接控制的。鸡和某些动物一样，在胚胎和幼体期，同时具有向雌雄两性方向发育的可能性。母鸡只有一个卵巢，长在左下腹内，右边的雄性生殖腺退化。如果母鸡的卵巢上长了肿瘤或者因为患其他疾病而退化，它右侧的生殖腺就可能发育起来，分泌雄性激素，这样母鸡就雄化了。

如果把一只正常的公鸡阉割，它的红冠便会萎缩退化，颜色由鲜红变成淡红，它啼叫、好斗和求偶的本能，都随睾丸割去而消失了。如果再将一只母鸡的卵巢移植到这只被阉过的公鸡体内，那么它就会变得像母鸡那样性情温顺，而且还能产卵育雏。同样，如果将母鸡卵巢全部割掉，再植入公鸡的睾丸，那么这只母鸡就会变成公鸡。有人做过这样的试验，从而有力地说明了决定鸡的雌雄性别及其各种雌雄特征的，是它体内的生殖腺及其分泌的性激素。倘若性激素发生变化，它的雌雄性别也就会发生变化。

懂得了这些科学道理，母鸡打鸣的现象就比较容易解释了。这种母鸡本来有较发达的雌性生殖腺，有卵巢和输卵管等，因此能生蛋。但后来由于它的生理状态发生了一定程度的改变，它的雌性生殖腺可能受到某种原因影响而退化，而雄性生殖腺得到了发育，使它的雄性特征进一步加强了，最后便发生了性反转现象。

据报道，海南岛国营龙江农场一位职工家里有一只养了7年的公鸡，突然下了一个重100克的大鸡蛋。

公鸡下蛋是极其罕见的现象，公鸡一般是不会下蛋的。如果一只真正的公鸡，即从外貌到内部结构，特别是生殖系统是属于雄性的，它只具有睾丸、输精管、射精管、外生殖器等生殖器官，而这些器官绝不可能产下卵子的。卵的产出过程是相当复杂的。一个成熟的卵从卵巢内排出，掉在输卵管的顶端。卵黄在沿着喇叭管移动的时候，就被蛋壁分泌的卵蛋白包裹，经过子宫时又包上两屋壳膜，最后包上一层卵壳，卵壳在子宫硬化……这些产卵过程必须具有雌性生殖器官才能完成。

那么，为什么会有公鸡下蛋的现象呢？这里有两种可能：一是那只"公鸡"只是具有雄性外部特征，而实质却是具有雌性生殖器官的母鸡。二是有一些特殊鸡，同时具有两性生殖器官，即两性化现象。一段时期，雄性特征突出（雄性内分泌激素占主导），便出现雄鸡特征，如鸡冠发达，啼叫……但到了一段时期性转化，那时雄性征退化，啼叫消失，鸡冠退化，内部的雄性生殖器官萎缩，雄性激素分泌减退。相反，雌性激素加强，雌性征逐渐明显，雌性生殖器官逐步发展，这时性征便转化，即出现公鸡产卵现象。

鸡的这种性转化，据文献报道只有千分之几的几率。当然这种现象不仅在禽类，人类也有，不过实在罕见罢了。

从雄鸡报晓想到的……

雄鸡为什么能一到清晨就报晓，一到天黑就睡觉？科学家经过研究，第一次利用细胞原理证实这是因为鸡脑中存在一种"生物钟"的缘故。

科学家发现，这种"生物钟"生长在鸡脑中松果腺细胞里。松果腺是位于大脑和小脑之间类似松果形状的小内分泌器官，一到黑夜就分泌出一种叫黑色紧张素的激素。鸟类的活动量受到黑色紧张素的抑制，如果给鸡吃上装有黑色紧张素的胶囊，鸡就睡着了。

科学家在试验时，分别取下在 12 个小时开着灯的房间和 12 个小时关着灯的房间里喂养的鸡的松果腺加以培养，把它分散成一个个细胞，然后在漆黑和明亮的环境里来调查合成黑色紧张素所需酶的活性。结果证明每个松果腺及其分散了的一个个细胞都有着"生物钟"的作用，它们能记忆明、暗的规律，如实地反复，并逐步适应新的规律。

科学家在试验中发现，如将麻雀的松果腺摘除，它活动的日周期规律就没有了，如从另一只麻雀为它移植一松果腺，规律就又恢复了。

那么松果腺又是怎样对光产生敏感的呢？科学家根据几项实验的结果认为，鸟类能感觉到越过头盖骨的波长的光，光又能促使松果腺细胞膜内外电位差的变化而发生化学反应，这就是"生物钟"的"摆"的作用。

"雄鸡报晓"、"花开花落"等自然现象，已经为人们所常见。有趣的是，生物学家还发现，植物的叶子，在一天内会定时竖起，定时下垂；一朵花在暗室里仍会定时开放，定时凋零；蜜蜂会定时出外觅食，定时飞回蜂房，哪怕将它"禁闭"数天，放出后仍不忘"遵守时间"。人体睡眠与觉醒，吸收与排泄，体温与脉搏等生理活动，乃至生老病死等等，无不与时间因素密切相关。

▲ 公鸡

　　这种生物与时间的关系早已引起人们重视。祖国医学的经典著作《内经》就有"天人相应"、"五运六气"、"子午流注"等记载。这些理论都从不同角度阐明了人的正常生理机能、疾病发生转归，与太阳运行、月亮盈虚、季节和昼夜变化等因素的相互关系。从"子午流注"来看，就是古人用水流来形象地比喻人体气血周流灌注随时间而变化的规律。根据人体生理、病理现象随时间等条件变化的规律，而选择相适应的穴位进行针灸治疗疾病的方法，便称为"子午流注针法"。两千多年前我国古代医学家就用此治病，并形成了独特的针灸流派。由此可见我国古代医药学家，非常注意观察，总结生物与时间的相互关系。这也可以说是我们祖先对近几十年来正蓬勃发展的"时间生物学"的最早贡献。

　　随着科学的发展，人们对于生物时态规律变化的研究认识日趋深入。现已有不少资料证明，从单细胞生物、昆虫、两栖类、鸟类，直到高等动物；从整个肌体、组织、器官，乃至单一细胞；从行为意识到某个生理生化功能，以至细胞分裂等，无不随着时间变化而呈现规律性变化。尤其是人类各种生理病理时态的变化规律，更为人们所重视。从而，研究时间因素对生物系统影响的新兴学科——时间生物学，正随着现代科学发展而迅速发展。这对于揭示生物界奥秘，尤其对于人类认识自身和为健康服务，都具有现实意义。

　　经过长期观察及系统研究，人们将有机体内某一生物活动指标依约24小时而周期变化的节律活动，称为"昼夜节律"。现在已经知道人体有几十种昼夜节律性生理变化。如体温变化、血糖含量、基础代谢、经络电势、激素分泌等变化。生物昼夜节律变化是非随意的，但也是可以预测的。例如，肾上腺皮质分泌肾上腺皮质激素呈现昼夜节律变化：每天都是上午8时左右为分泌高峰期，午夜至上午9时分泌量约为24小时总分泌量的70%，午后分泌量下降，以午夜降到最低。根据体内肾上腺皮质激素分泌的昼夜节律，设计肾上腺皮质激素疗法给药方案，即在其分泌高峰期一次给予一天所需治疗量，就能有效而及时地补充白天较低的血药浓度，同时在分泌高峰期过后，外来激素对肾上腺皮质功能抑制作用较小，不致影响肾上腺皮质功能。以氟羟氢化泼尼松治疗皮肤病时，上午8时一次给药比一天两次给药为优，副作用较小。一次给药，组织溃疡病活动发生率显著下降，并有减少突然停药发生不良反应及病人乐于接受等优点。

　　由此可见，时间生物学对于研究肌体时态表现与人体健康、疾病诊断、药物治疗效果、药物作用机理、临床合理用药等均有实际意义。另外，关于宇宙航空、超速飞行、深海作业等所致的生物节律，以及老年医学、健康长寿乃至生命起源等也都是时间生物学新的研究命题。我们相信，随着科学技术的发展，时间生物学将更好地为人类服务。

药用珍禽——乌鸡

乌鸡，是祖国的药用珍禽。你看，它那洁白如雪的羽毛，黑紫色的头，黑色腿爪，配起来煞是好看。那鸡头上长着桑葚状黑复冠，左右配有蓝色耳垂的公鸡，傲然长鸣，别具一格；那头顶上长着圆绒球样白凤冠的母鸡，风韵独特，妩媚多姿。

乌鸡，也叫乌骨鸡，原产我国江西泰和县武山地区，故又名泰和鸡、武山鸡。

泰和武山鸡，又称泰和白羽乌骨鸡，俗称松毛鸡、丝毛鸡、白绒鸡、竹丝鸡、羊毛鸡、绒毛鸡等，医药上称乌鸡、乌骨鸡。乌鸡为肉用、药用和观赏用的传统名贵家禽。其体态具有"凤冠、缨头、绿耳、胡须、五爪、毛腿、丝毛、乌皮、乌肉、乌骨"所谓"十全"的特点。其头小、颈短、脚矮、结构紧凑，被毛洁白。头顶有较长绿毛一丛，状如绒球；绿耳，尤以 90~150 日龄最为明显；由耳根经两颊至下颌，有状如胡须的较长的丝毛；全身被绒毛，仅翼及尾羽出现羽毛；脚有五趾；从蹠部到第一趾，密生绒毛；骨质暗乌，骨膜深黑，全身肌肉、内脏及腹内脂肪均为乌色，全身皮肤、眼、喙、舌、爪均为黑色。

泰和鸡初生体重轻，仅 26.8 克，10 日龄 50.9 克，30 日龄 125.2 克，60 日龄 294.9 克，150 日龄 864.6 克。母鸡 45~60 日龄长满绒毛，170 天后开始产蛋。蛋壳以淡褐色居多，白、褐为少，仅占 5%。平均蛋重 37.56 克，个体年产蛋 75~86 枚，最多 126 枚。孵化率 75%~86%，最高可达 92%。公鸡开啼日龄平均为 156 天。成年公鸡体重 1~1.58 千克，母鸡体重 0.75~1.48 千克。

泰和乌骨鸡皮薄骨脆，肉味鲜美，营养价值高，富含多种氨基酸，总量每 100 克含 90 毫克，其中人体必需的氨基酸，如赖氨酸、缬氨酸、亮氨酸、苏氨酸、苯丙氨酸等含量 33 毫克，蛋白质含量占 25%，此外

▲ 乌鸡

《《 丝毛鸡 》》

丝毛鸡，也称"泰和鸡"，常称"乌骨鸡"。著名观赏鸡品种。原产中国。江西泰和和闽南为主要产区。遍体白毛如雪，反卷，呈丝状。归纳其外貌特征，有"十全"之称：即紫冠、缨头、绿耳、胡子、五爪、毛脚、绿毛、乌皮、乌骨和乌肉。眼、喙、蹠、趾、内脏及脂肪均为乌黑色。

尚含有铁、锌、铜、镍、铬、镉、钴、镁、锰等多种微量元素和丰富的紫色素、黑胶体，能增加人体的血细胞和血色素，有较高的药用价值。

乌鸡产于我国，在我国历史记载中追溯到汉代就有饲养并作为药用。马王堆汉墓发掘出的帛书《五十二病方》中，已有乌鸡的专称出现。同时对乌鸡的药用也作了记载。晋代名医葛洪在其《肘后备急方》中用乌鸡作药用不下数十处。特别指出乌鸡作为主药，配以中药，用以治疗惊邪恍惚之病。唐慎微在《重修政和经史证类备用本草》中，记载了乌鸡的药性："乌鸡气味甘平，无毒。"宋代也有对乌鸡形态的描述。苏轼在《物类相感志·禽鱼》中记载："乌骨鸡，舌黑者则骨黑，舌不黑但肉黑。"

近代，人们对乌鸡作为药用的研究不少，认为乌鸡对剧烈性头痛、产后头痛、眩晕症、哮喘、肾炎等均有良好的治疗效果。以乌鸡作为主要原料，配以杜仲叶、六月雪等中药，可治疗风湿性关节炎。还有人研究用乌鸡治疗胰头癌、癫痫、糖尿病、肝炎等。

用乌鸡的羽毛制作羽绒制品，可出口创外汇。乌鸡粪是优质肥料，含有丰富的氮、磷、钾，优于其他粪类，又是鱼类的好饵料。用乌鸡制作食品，更是营养丰富，对老年人、儿童健康大有益处。

乌鸡之药效，不仅以其"滋补"见之，其骨肉所含黑色素，也应是治疗疾病重要的有效成分，这也是科学工作者正在探索的问题。

乌鸡的品种优良，与它生长的环境是分不开的。泰和武山地区，居赣江中游，四面环山，气候温和，年均气温 18.5℃，无霜期 274 天，年降水量 1526.8 毫米，盛产稻谷，养鸡饲料丰足。武山多石灰岩，土壤为酸性红壤，有山泉倾注，地下水质含钙、镁、铜、锌等微量元素。武山鸡在这样的环境下繁殖生长，而生活习性与一般鸡基本相同。其养殖最早见于《本草纲目》（"泰和老鸡……产于江西泰和、吉水诸县"），距今至少有 400 年历史，清乾隆年间已列为贡品。现在北京、天津、上海、内蒙古、新疆、浙江、江苏、福建等十余个省、市、自治区所有的乌鸡，均先后从泰和武山引种繁衍。1915 年，武山鸡出展巴拿马万国博览会，被评为观赏鸡，现出口日本、东南亚及欧、美诸国。

名鸡种种

鸡有野生家养之分。

我国野生鸡资源丰富，有 59 种之多，其中已有 19 种列为国家重点保护动物，处于濒危状态。

我国各种野生鸡的种数均占世界种数的 22%，居世界之冠。鸡类在我国传统文化的发展过程中占有重要的地位。我国驯养家鸡的历史相当悠久，并培育出许多优良的品种；凤凰是我们祖先融合孔雀、环颈雉等野生鸡羽色的形态并加以升华而创造出来的图腾，象征人间喜事和吉祥如意；在诗词、歌赋、绘画、音乐、舞蹈等文学艺术作品中，以鸡类为题材的不胜枚举。

我国的野生鸡类都有很高的科研、文化观赏和经济价值。原鸡是家鸡的祖先，用原鸡与家鸡交配繁殖后代，可更新血缘，培育新的品种。孔雀、锦鸡、褐马鸡、角雉、长尾雉等羽色鲜艳美丽，是我国观赏鸟类中不可缺少的重要组成部分。环颈雉、松鸡、榛鸡、山鹑等是价值很高的经济鸟类，在保护好野生种群的条件下，加速发展人工饲养繁殖种群，是人们食用的最好禽类。为保护野生鸡类和其他野生动物，我国已建立了森林和野生动物类型的自然保护区 420 多处。只要我们人人都为保护野生动物奉献一点爱心，我国丰富的野生动物资源一定会有更大的发展，为丰富我们的文化和物质生活作出贡献。

关于环颈雉、榛鸡等我们在本书中都有介绍，这里顺便介绍一下鲜为人知的"雪鸡"。

雪鸡是我国天山珍禽。成鸟体形如鸡，体重 1~1.5 千克，通常活动在海拔 3700~4000 米左右的雪线下。春末夏初，雪鸡由大群活动改为 6~9 只的小群活动。3~4 月间，雪鸡发情求偶，每天啼唱不歇，宛

▲ 雪鸡

如姑娘与小伙子在对唱"山歌"。这时，它们多成双成对分散活动，选择附近有丰富食物的岩缝草丛筑巢。雌雪鸡每年产卵 6~7 枚。卵呈椭圆形，大小犹如鸡蛋，多为淡灰蓝色或橄榄褐色，有深色斑点。孵卵期间，雄雪鸡常在巢穴附近警戒看守。雏鸡出壳后雌雪鸡便带着它们四处觅食。雪鸡主食嫩草、花蕊，有时也吃植物种子和昆虫等；夏末秋初，雪鸡开始合群，常联合成几十只或百余只的大群，向裸岩的高山上转移；秋季，雪鸡最肥；冬季，它们常成群下降至谷地、向阳坡和松林中栖息觅食。

雪鸡肉鲜味美，是山珍中稀有的名贵佳肴。由于它们常食党参、雪莲等，其肉性温热，具有强身壮阳之功能，特别对老、弱、病、妇更有益处。雪鸡肉晾干研细后可入药，主治妇科病、癫痫等症。羽毛烤焦研成细末入药，也可治疗癫痫等疾病。

我们再把目光转向国外。非洲罗得亚山上有一种辣鸡，鸡体本身含有辣味，烹调时可不加辣料。意大利的撒丁岛，还有一种甜鸡，它的蛋甜香如蜜，含糖量高达 37%，鸡体内有一根"糖腺"，专门吸收糖分并注入卵巢，所以下的蛋特别甜。在阿尔卑斯山林内，还有一种带电的野鸡，个头很大。倘若遇有敌害，能立即放出 30~60 伏的生物电，将对手击倒在地，趁势逃之夭夭。

家鸡经过人类几千年的驯化培育，出现了许多良种鸡。

现在，蛋用鸡中最有名的是莱航鸡，一只鸡最高年产 368 个蛋；肉用鸡的品种很多，如我国的狼山鸡、九斤黄等；在观赏鸡中，有长尾巴鸡，尾羽竟长达 15.5 米！斗鸡的品种也不少，有一种头像一个雄棒，两条腿很长，斗起架来像个"武士"。

现在，世界公认的鸡品种有 73 种，按照品系来分又有 170 种。我国有名的品种就不少，如山东的九斤黄以能长到 9 斤（4500 克）重而得名，早在一两百年前，就传到外国去了。美国良种鸡洛岛红以及澳洲黑鸡等，都和九斤黄有血缘关系。

我国的寿光鸡，早在一千多年前，北魏贾思勰的《齐民要术》中就有记载，它原产山东寿光县慈伦乡一带，故又名慈伦鸡。传说古时候寿光一带盛行斗鸡的风俗，寿光鸡长得高大，可能与培育斗鸡

> ### 《洛岛红鸡》
>
> 洛岛红鸡原产美国，是个老品种，它由九斤黄、莱航鸡和红色马来鸡、温多德鸡等杂交育成，年产蛋 200 个，每枚蛋有 65 克重，红皮，惹人喜爱。

有关。它的历史虽然悠久，但繁衍却不多。据说，旧社会养这种鸡的多是财主，连自己的女儿出嫁，想拿几个鸡蛋到婆家，都要煮熟了才能拿走，生怕鸡种外传。一般农户，只能养小型瓮鸡。因此，寿光鸡几乎绝了种。直到新中国成立后才发展起来。

狼山鸡产于江苏省如东、南通一带，由于从南通狼山一带输往各地而得名，早在 1872 年，就输往国外。它那黑色的大羽，挺立的颈部，高耸的尾羽，V 形的脊背，高粗的两腿，加上蹬羽和飘飘的口髯，大片的红冠，煞是雄壮美丽。

怪蛋不怪

　　鸡蛋遍及世界各地，尽管"先有鸡还是先有蛋"的问题引来不少争论，但这也说明了鸡蛋带给人的绝不只是"吃"的概念，它已具有相当的社会内涵。

　　以鸡蛋充当货币古已有之。解放初期，山区农村用鸡蛋换油盐酱醋还相当普遍，这种鸡生的"货币"尽管银行概不受理，但农村供销社却认可。

　　每当婚丧嫁娶或节日祭祀，鸡蛋是赠品也是祭品，真是"一卵多用"。据说在广西有的地方，每逢农贸集市热闹场所，小伙求婚则拿自己的鸡蛋去碰姑娘的鸡蛋，如果相碰成功则婚事有望。日后相亲，也以鸡蛋款待，生孩子喜庆更以鸡蛋相赠，这种习性在农村一直沿袭至今。产妇补养也吃鸡蛋，生儿育女自始至终与鸡蛋相关联。不过，在我国西部边陲，也有用熟鸡蛋相碰来比其硬度赌博的，这就有损于鸡蛋的完美形象了。

　　在正常情况下，母鸡所生的蛋，大小、形状大体上差不多。但有时候却生出了奇形怪蛋，像多黄蛋、软壳蛋、蛋中蛋、小鸡蛋、花纹蛋等。由于缺乏这方面的科学知识，有的人认为这是不祥之兆，终日惶恐不安；有的人则认为是鸡得了"怪"病，赶紧把鸡杀掉……其实，这些都是不必要的。

　　下面我们就以鸡蛋的形成规律来看畸形蛋是怎样产生的，以解人们心中的疑惑。

　　母鸡的生殖系统主要分两大部分：卵巢和输卵管。卵巢的任务是形成和完成卵细胞（蛋黄），成熟后的卵黄落入输卵管的喇叭管部分完成受精作用，接着又通过输卵管的蛋白质分泌部、峡部和子宫，逐次完成蛋白质包裹、壳膜形成、硬壳形成等过程，最后排出体外。如果家禽受到生理性、病理性、饲养管理方面或者精神的刺激，正常的生殖活动规律遭到破坏，发生了暂时性的兴奋或抑制，生殖系统的蠕动增强或减弱，甚至反蠕动，于是就产生出各种形状不规则的怪蛋来。

　　多黄蛋。这是家禽生理活动兴旺的表现。多见于当年的初产母鸡。因为初产母鸡年轻，代谢机能旺盛，有时两个或三个卵黄同时接近成熟，相差无几地落入输卵管中，于是被蛋白、蛋壳包裹在一起，成了双黄

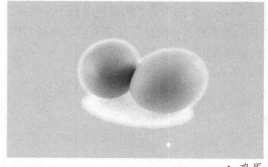

▲　鸡蛋

蛋甚至多黄蛋。

软壳蛋。 鸡下软壳蛋大致有以下几个原因：第一，鸡蛋壳的主要成分是碳酸钙，约占蛋壳重量的 93%。鸡体缺钙，蛋壳就无法形成，因而下软壳蛋。所以，蛋鸡日粮中，钙的比例应保证达到 3.8%。第二，蛋壳中含有少量的磷，其作用很大。鸡体缺磷或钙、磷比例失调，也会下软壳蛋。所以，蛋鸡日粮中应有 0.6% 的磷；钙、磷的比例以 6 : 1 左右为好。第三，鸡体缺乏维生素 D。维生素与钙、磷的代谢有密切关系。当维生素缺乏时，钙、磷比例即使恰当，吸收也受影响。因此，应喂给适量的动物性饲料；多让鸡晒晒太阳，或进行人工紫外线照射，以增加体内维生素 D 的含量。第四，鸡产蛋前因惊吓或剧烈地驱赶、殴打。鸡受惊后神经受刺激，小肠内的钙、磷运行受影响，输卵管收缩，造成早产，也会下软壳蛋。

蛋中蛋。 蛋中蛋的发生是禽体生理反常、输卵管逆蠕动导致的。当蛋黄到达子宫部形成蛋壳，但尚未产出时，由于某种刺激输卵管道蠕动将已形成的蛋返送到输卵管前端，待输卵管恢复正常蠕动后，蛋又再次接受了蛋白包裹、壳膜形成等生理过程，于是就造成了有二重蛋壳、二重蛋白、一个蛋黄的蛋中蛋。输卵管的逆蠕动甚至还可将完整的蛋返送入腹腔，有时宰禽会在腹腔中发现完整的蛋，就是这个缘故。

特别小的蛋。 有的母鸡在产蛋期间，有时产下特别小的蛋，打开后见不到蛋黄，仅在中央有一块凝固蛋白或其他异物。这是因为：初产母鸡产蛋无规律，输卵管受异物刺激，分泌蛋白，形成壳膜和硬壳后产出体外；母鸡在产蛋盛季输卵管的机能旺盛，有时分泌较浓或成块状的蛋白，这种块状蛋白刺激输卵管再分泌蛋白，形成小的无黄蛋产出体外；卵在卵巢的滤泡内成熟后，滤泡膜破裂，一般情况下不出血，但有个别情况出血，血液被输卵管接纳。如果在产蛋盛季，输卵管机能旺盛，在血液或脱落的黏膜组织等异物刺激下分泌蛋白，导致产小蛋；由于母鸡长期患白痢病，使母鸡卵巢发生病变，滤泡变性而形成一个个小黑硬块，被输卵管前端喇叭口纳入而形成小蛋。如果经常产小蛋，应将母鸡淘汰。

花纹蛋。 有的蛋壳表面出现高低不平的花纹状，这是由输卵管反常收缩引起的。其中，尤其是子宫的分泌机能失调，分泌不均匀，子宫收缩时松时紧，使蛋壳表面的钙质厚薄不均而出现花纹。

动物人参——鹌鹑

在飞禽王国里，有一种形似鸡雏，颈小尾秃，嘴短小，黑褐色，善于急走、短飞的"公民"，俗称鹌鹑，异名鹑鸡。由于它头小尾秃，人们又叫它"秃尾巴鹌鹑"。长成的鹌鹑体长 20 厘米，体重一般为 125 克。

鹌鹑的野生种遍布世界各地。日本在 12 世纪时，曾驯化过一种会鸣唱的鹌鹑，它们在第二次世界大战中全部毁于炮火，至今已经绝迹。中国人则喜欢饲养好斗的野生鹌鹑，以供观赏取乐。鹌鹑雄性好斗，勇猛顽强，搏斗时，即使身负重伤，也不甘示弱，总是伺机反扑，非使对方"挂彩"方肯罢休。据《唐外史》载，西凉进贡给唐明皇的鹌鹑，其互相逐斗，可以随击鼓的节奏进行。

鹌鹑原为野生候鸟，夏天北上，冬则南迁，后来逐渐驯化为家禽。鹌鹑肉、蛋自古以来就供作食用，在古埃及的金字塔和《圣经》的《新旧约》上都有记载。我国的食用历史可上溯至两千多年前的春秋时期。史书记载，宋徽宗嗜鹑，专设养鹑工。以鹌鹑肉及蛋为食的历史则更悠久了。战国时期，宋景公设宴，名菜之一就有"桂髓鹑肉羹"。宋朝清河王向高宗进御筵，其中就有几道菜是用鹌鹑肉烹制的。清朝时，有一次，慈禧太后到颐和园避暑，百味皆不合口，正欲发作之时，厨师上了一道炒鹌鹑，正和西太后的口味，于是怒气全消，十分高兴。

鹌鹑的大规模饲养、驯化，则起源于 19 世纪的日本。20 世纪 60 年代，我国上海、北京等地从日本引进鹌鹑，专业化饲养应运而生。

鹌鹑是一种早熟家禽，一般人工孵化，16~18 天即可孵出小鹌鹑。36~42 天即进入产蛋期。产 1 千克蛋，鹌鹑只需要吃掉 1.5 千克饲料。一只母鹌鹑每月平均只需 0.6 千克饲料。如果条件适宜，一只母鹌鹑年产蛋可达 280~340 枚，几乎天天产蛋。倘若饲养得当，有时一天可产两枚蛋。

在日常食品中，鸡蛋可称

▲ 鹌鹑

《 鹌 鹑 》

鹌鹑雄鸟体长近 20 厘米，酷似鸡雏，头小尾秃。额、头侧、颏和喉等均呈淡红色。周身羽毛有白色羽干纹。冬季常栖于近山平原，潜伏于杂草或丛灌间。以谷类和杂草种子为食。主要在中国东北及俄罗斯西伯利亚南部繁殖；迁徙和越冬时，遍布中国东部。雄性好斗。

得上佼佼者。因其富含蛋白质，而被誉为"金蛋白食品"。但是，如果以鸡蛋和鹌鹑蛋相比，鹌鹑蛋就要略高一筹了。

就蛋白质、脂肪、碳水化合物的含量来说，鸡蛋和鹌鹑蛋是大体相当的。衡量一种食品的营养价值，蛋白质含量的多寡，是一项重要指标，但不是唯一的指标。正确评价某种食品的营养价值，应当是既看它的蛋白质含量多少以及氨基酸结构是否合理，还要看它所含的人体需要的各种营养素是否齐全。有些营养素，如维生素 E、维生素 K、磷脂、镁、铜等微量元素，虽然人体需要量甚微，可又不能缺少，因为这些微量元素在调节人体生理功能方面起着重要作用。鹌鹑蛋的蛋白质含量和鸡蛋的含量基本上相当，但是鹌鹑蛋的蛋白质的氨基酸结构要优于鸡蛋，鸡蛋中不含精氨酸，而鹌鹑蛋中却含有。在钙、磷、铁等矿物质以及微量元素维生素 E、维生素 K、磷脂、镁、铜等方面，一般情况下鹌鹑蛋含量高于鸡蛋；但有的元素，鹌鹑蛋含有而鸡蛋不含有。因此，鹌鹑蛋的营养价值高于鸡蛋。

具体地说，与鸡蛋相比，鹌鹑蛋蛋白质的含量高 3%，铁的含量高 46.1%，维生素 B_1 的含量高 20%，维生素 D 的含量高 188.3%，盐的含量高 34.6%，特别是在鹌鹑蛋中富含降低血压的芦丁，对高血压、贫血、结核和代谢障碍患者均有良好的疗效。

据科学测定：鹌鹑的肉和蛋含氨基酸成分高，并有丰富的磷脂、激素和其他禽蛋中少有的要素，它的蛋白质分子小，几乎全部能被人体吸收，含的铁、核黄素和维生素 A 均高于同体积鸡蛋的 2 倍，而胆固醇的含量又低于鸡蛋的三成，它是那些需要营养滋补，又要防止高胆固醇食物摄入的病人最理想的食品，故获得了"动物人参"的美称。它又是妇女贫血、产后失调和小儿发育不良的补剂，可作患神经衰弱、头晕、心脏病、喘息、动脉硬化、低血糖、各种神经系统疾病及麻痹症的间接治疗品，对糖尿病尤有显著成效。特别对老年患者和从事脑力劳动者更有裨益。

鹌鹑一年四季都可以孵化，一年可繁殖五代之多。鹌鹑主要分为笼养和散养两种，以笼养为佳，每平方米可养百只。鹌鹑的孵化期为 17 天，出壳后 30 天可辨雄雌，雌的 45 天可产蛋，60 天进入盛产期；雄的 50 天性成熟，可以交配。因此说，它是一项成本低、见效快、收益大、饲养简单，很有发展前途的养殖业，定能在 21 世纪家禽的发展中争魁夺首。

鸽子参军

鸽子参军，无论中外，自古有之。第二次世界大战时，有一只名叫"森林汉"的军鸽，出生才 4 个月，便随美军航空队空降到被日军侵占的缅甸大后方。部队跳伞时不小心竟把无线电收发报机丢失了，与指挥所失去了联系。7 天后，侦察员收集到日军的重要情报，就让"森林汉"驮着这些情报，翻山越岭，飞行数百千米，送回美军指挥所，使盟军利用这一情报，设计战术，攻克了这个地区。

我国的军鸽早在 20 世纪 50 年代初便列入军事编制。我国幅员辽阔，国境线漫长，尤其是西南边疆，山高岭陡，地形和气候又相当复杂，有些边防哨所设在这里，交通、通信都极为不便。因此，利用经过特殊训练的军鸽来送军情、信件、报纸和急救药品，极为有效。

1952 年，边疆剿匪正急，仗打得很艰苦。狡猾的土匪钻在峰密重叠、树林茂密的大山里，凭借天然屏障，躲在暗处负隅顽抗。每天都有伤亡的消息传来。

20 岁的陈文广心潮澎湃，他想：不彻底消灭这一撮不甘心灭亡的反动势力，刚成立不久的人民共和国就不能安宁。他要当兵。他手头有 200 羽训练有素的信鸽，其中 5 羽担负过远征军的作战通信联络。在广西、云南那样的山岭地区剿匪，他知道信鸽的价值。

▲ 鸽子

他想到周恩来总理。周总理在一个月后见到陈文广的信。总理看得很认真，眼睛盯着信的最后一句话："我志愿将毕生精力献给祖国的军鸽通信事业。"经周恩来总理批示，陈文广很快穿上了军装，并被任命为我军的第一位军鸽教员。陈文广做梦也没有想到，40 年后，他成了我军唯一因为养鸽而获得教授职称的人。

昆明。中国唯一的军鸽基地——成都军区昆明军鸽基地就坐落在这里。1985 年，中国百万大裁军。许多机构、部门都为了国家和军队的大局裁减了，而这个军鸽基

◀◀ "生物武器" ▶▶

瑞士正在训练和储备一支庞大的信鸽部队，并称它为"生物武器"。它是由千万只双方传递情报的信鸽组成，目的是适应现代战争的通讯联络。尤其是一旦爆发核战争，核爆炸产生的强烈电磁辐射将使现有的各种电子通讯系统陷于瘫痪，信鸽则仍可自由飞翔传递情报。

地却反而得到加强。

晚霞正艳。一位发如银丝的老人，又准时来到春城西山之巅，托在他右手的那只名叫"归根"的瓦灰色军鸽，盯着主人的手势有节奏地进行着训练……

他，就是我国军鸽通信事业的奠基人陈文广教授，40年来，他与军鸽朝夕相伴，精心培育出了150多个优良鸽系共5万多羽，在国内外专业刊物上发表学术论文40多篇，出版了《通信鸽》、《养鸽指南》等5本专著。权威人士称：这在世界上也是屈指可数的。

"高原雨点"是陈文广针对我国周边磁性强、老鼠多、寒热反差大等特点，十年呕心沥血培育出来的新型应验军鸽系列。为增强军鸽的抗药能力，他先在自己身上做试验。一次由于药量过大，他昏迷了3天……

1954年，中国军鸽队首次设立了军鸽往返通信点，拥有军鸽2000多羽。历40年之艰辛，军鸽队培育出了适应边防特点的特有品种60余类，保留、提纯外籍和国内优秀品种90余种，共拥有90多个国家150多个品种的名鸽，并为全军、全国培训出2000多名军鸽业务人员，培育、输送军鸽1万多羽。目前，在全国20多个省市，都飞翔着带有"KMIV"军鸽基地培训足环编号的军鸽。一羽军鸽，一串故事。每一位边防战士都忘不了军鸽的功绩，忘不了这些"会飞的战友"的英雄故事。

1956年冬，一个罕见的恶劣天气。驻守在深山峡谷的边防某连战士小刘患上了急病。往医院送吧，大雪封山；就地抢救，又没有药品。战士们急得团团转，怀着一线希望，他们放飞了配属在这里的几羽军鸽。谁也没有料到，半小时内，军鸽取回了处方和药品，战友得救了，战士们兴奋得又跳又唱，捧着军鸽狂吻不止……

1958年，边防某部小分队在边防巡逻途中与残匪遭遇。那是一场猝不及防的遭遇战。敌人仗着人多，步步紧逼。小分队且战且退，最后据险而守。

战斗异常激烈，而小分队的子弹却越来越少……危急关头，指挥员放出了一羽小黑鸽前往指挥部报警。

小黑鸽刚刚起飞，一颗罪恶的子弹就击中了它的胸部，指挥员清楚地看见小黑鸽往下一栽，殷红的鲜血洒在阵地前的石板上。指挥员的心一下子提到嗓子眼，急得失声喊了起来："挺住！"

英勇的小黑鸽在空中摇摇摆摆向前飞，它以顽强的毅力，一路滴着鲜血飞达了目的地。指挥部接到小黑鸽的情报，立即派出骑兵救援，全歼了这股残匪，解救了被包围的小分队。战后，这羽小黑鸽被授予"英雄鸽"的光荣称号。

信鸽识途之谜

人们常赞美家鸽为"和平鸽"，其中有一段神话故事：据说，在太古时候，发生过一次大洪水，挪亚全家乘一只小船，漂浮在茫茫无际的洪水上，因急于寻找陆地，便把家鸽放飞。晚上鸽子返回，衔了橄榄枝叶，为挪亚全家带来了希望，知道快要接近陆地了……从此，鸽子、橄榄叶便成为和平幸福的象征。

我国驯养信鸽有着悠久的历史。据传说，汉朝张骞、班超出使西域时，就利用信鸽来传递信息。唐朝宰相张九龄幼年时用"飞奴传书"，"飞奴"就是信鸽。古希腊在举行奥林匹克运动会时，就用信鸽把优胜者的名字传报四方。古代不少航海者出海时，常携带信鸽数只，用它来传递消息，或者把归期带给远方的亲人。在军事上，军鸽准确无误地传递情报的事例更是不胜枚举。公元前 43 年，罗马军队把穆廷城围困得水泄不通，又在城的四周掘了又宽又深的沟。守城的军队靠鸽子送出告急文书得到增援，打败了罗马军队。1870 年 9 月，普鲁士军队围攻巴黎城，孤城巴黎靠信鸽同各地联系。这些空中信使，在硝烟弥漫的巴黎上空飞来飞去，两个月里传递了大量邮件。1916 年法国乌鲁要塞的通讯设备被德军炮火击毁，幸亏放飞了一只信鸽求援，使援军赶到而保住要塞。

在通讯技术高度发达的今天，鸽子仍然是不可缺少的通讯工具。不久前，英国一家医院经过实验，用信鸽传递急用的血样，在饲养训练的 12 对信鸽中，传递血样1000 份，均完好无损。

信鸽为什么能认路、辨别方向呢？

一是以"地磁感"导航。动物的某一器官发达到惊人的程度，这在生物界是常见的现象。譬如蛇能看见红外线，蝙蝠能听到超声波，而鸽子却能感觉到地球磁场作用力的方向和强度的微小变化。地球是一个巨大的磁体，它的磁性集中在地球的两极，即磁南极和磁北极。地球上任何一个带磁性的物质，都受到地球磁场作用力即吸引力和排斥力的影响。信鸽的眼内有一块突起的"磁骨"。这块磁骨能测量地球磁场的变化。有人做过这样的试验，用

▲ 信鸽

20只飞翔素质基本相近的鸽子，其中10只翅膀下装上小磁铁，另10只装上小铜片，然后一齐放飞，结果是装铜片的10只鸽子一天内有9只返回，而装有磁铁的10只鸽子4天后才有一只飞回来，而且显得精疲力竭。这说明鸽子身上所带磁铁的磁场，干扰了它对地球磁场先天具有的灵敏判断，产生了误差，造成不能准确、迅速地寻路归巢。

二是以"飞返逆行"定位。信鸽经过长时间的训练和使用锻炼，环境和外部因素通过鸽体内部器官发生作用，养成了信鸽的使用地点向原住地飞回去的飞返逆行的习性。鸽子从住地携带信息出发，经过很多地方，因地形的差异，造成地磁数据信号、气压数据信号、颜色光反映信号等，在鸽子的神经、循环和呼吸等系统留下不同的"印记"。到目的地放飞后，它就根据来时的这些"印记"，判断方向飞归返航。这种现象，又称为"复印迹线定位"。

三是凭体内"震撼小体"导航。经过科学试验，弄清鸽子的腿部、胫部和腓骨之间的骨间膜附近，有一种葡萄状的能感觉机械振动的小体，每个大小为0.01毫米左右，每条腿约有一百多颗，由坐骨神经的一个分支支配着。这许多震撼小体对几十赫至一两个赫频率的微小振动非常敏感，信鸽在飞行途中，就是根据这些小体提供的信号参数来定位的。它还可以测定气候的变化以及地震的发生。

四是靠"大气压数据"定位导航。信鸽对海拔高差产生的随季节变化的大气压数据，有灵敏的感觉。信鸽长期饲养在一个地方，它的循环系统、呼吸系统，对当地的地理气候条件很适应、很熟悉，一旦携带到陌生的地理位置上，鸽子感到大气压数据"负荷系数"不一样了，就感到不习惯，放飞后，它通过气囊、血管、肺部等进行双重呼吸时，很敏感地向适应的方向定位。这称为嗅觉信息导航。

五是以"生物钟"导航。信鸽体内有计量太阳位移的生物钟，这是它寻找归程的途径之一。信鸽为了适应环境，它的时间观念很强，例如信鸽在繁殖期内，雄鸽每天上午9时入巢孵蛋，换雌鸽出巢觅食饮水，下午4时雌鸽准时入巢孵蛋至第二天上午9时，换雄鸽出巢，日复一日直到孵出幼鸽为止。更引人注意的是，鸽子的孵化期一般是17天，超过这个时间孵不出幼鸽，它们就放弃旧巢，另寻新巢产蛋再孵。这种掌握时间的精确程度，确实是罕见的。信鸽在归航途中用它的生物钟来校正时间，测量太阳位移和方位角的变化，确定自己的位置和运动方向，准确地判明应向哪里飞行。可以说：太阳是信鸽的定向标。

信鸽除了以上五方面能够自行导航定位的本能外，信鸽品种的选择、饲养技术和严格训练，也都是很重要的因素。

《信　鸽》

信鸽，也叫"通信鸽"，用以传递书信的一种家鸽。鸽有强烈的归巢性和识别方向的特殊能力，飞翔速度较快，经过训练，可在数百千米内来往传递书信。书信绑在鸽腿上。用鸽传书，中国已有数千年的历史，以唐宋为最盛。

英雄的信鸽

　　在历史上，信鸽曾被誉为战争中的英雄。早在埃及第五王朝时期，信鸽就被当作快而可靠的联络工具。在第一次世界大战期间，信鸽曾为交战双方做出了不小的贡献。在比利时占领地，了解信鸽功能的德国人不得不把所有的信鸽统统抓起来。战争期间，森林里不好架设电线，在前后方联络有困难时，又是这种小巧玲珑的鸽子为主人传递信件。第二次世界大战时，特别是抵抗力量，常用信鸽充当可靠迅速的联络工具。如今，在法国和比利时都有为战鸽英雄竖立的纪念碑，甚至有些鸽子的标本和英雄事迹仍然珍贵地保存在美国的一家档案库里。一份美国发表的报告说，信鸽是忠贞不渝的，它们每时每刻都晓得怎样完成任务，它们当中没有逃兵，也没有降敌者。美国兵在法国打仗时，有 422 只信鸽往返前线与指挥员之间，其中有 50 多只信鸽在执行任务中英勇献身。多亏这些鸽子，将 403 封重要信件送到了收信人手里。美国著名的英雄鸽子乌斯曼，在一次送信途中，一只腿被流弹打断，它在身负重伤的情况下，坚持把信送到目的地，而自己却因流血过多死去。1918 年 10 月 20 日午后，阿戈纳战役进入了白热化，下午 2 点 40 分，美军司令通知信鸽队，放一只鸽子给参谋长送信。当乌斯曼带着信出发时，机枪扫射像雨点一般密集，炮火声震天动地，在形势极其不利的情况下，它仅用 25 分钟就飞行了 20 多海里，这是一位多么勇敢的战士啊！ 1870 年德法战争时，法军被包围了，曾由信鸽送出许多急件。

1916 年法国乌鲁要塞的通讯设备被德军大炮击毁，幸亏放飞了一只信鸽求援，才使援军及时赶到而保住了要塞。

　　尽管现代技术如此先进，拥有各种尖端的通讯设备，但是，信鸽的作用却是不能忽视的。在美国的卡尼亚维拉尔就利用鸽子把微型相机放到各个不同的地方或试验室。英国目前利用鸽子把救护中心的血样送到专门进行化验分析的试验室，既经济又可

▲ 英雄的信鸽

靠。当然，从事间谍活动的也不乏使用鸽子，因为它们可以用微型相机拍摄照片。

家鸽目光敏锐异常，它不仅能从鸽群中找到自己的"伴侣"，使人惊奇的是，在新西兰集成电路厂的成品检验车间里，家鸽竟在川流不息的传送带旁，准确无误地把印刷线路板的次品拣出来。原来，这位产品质量"检查员"的视神经，是由上百万根视神经纤维密集组成的，视网膜也具有复杂的特殊功能。

还有一件事，也证明了鸽子是一名优秀的产品检查员。事情是这样的：有一位搞电学的工程师，同一位心理学教授谈起了一件恼火的事情：他费了很长时间装配好了一台电子仪器，但由于其中一个零件有缺陷，这台电子仪器不能工作。他认为这主要是质量检查员的粗心大意，把有缺陷的零件当作合格的成品装箱出厂了。

教授对这位工程师说，用鸽子做检查员就不会发生这种事。工程师认为教授在开玩笑，但教授却郑重其事地说下去："鸽子是一种奇妙的动物。它能不断重复一个单调的动作，长时间不睡觉，而一点也不会感到疲倦。鸽子用嘴啄食的动作是一个条件反射，大可利用。"

过了几天，教授请这位工程师到他的实验室去做客，并拿出一台奇特的装置给他看。这台装置很简单，是一个平放着的能转动的圆盘。沿着圆盘的圆周，放着一个个待检查的零件。另外还有一个铅制的盒子，上面并排开有两个小玻璃窗，一块玻璃是透亮的，另一块玻璃不透亮。

教授把一只鸽子放在铅制盒子里，鸽子恰好能通过透亮的小窗看到圆盘上的一个零件。鸽子看见一个零件，就啄一下不透亮的小窗，这不透亮的小窗户接着一个电开关，所以，鸽子每啄一次，圆盘就转一个角度，圆盘上就又出现一个新的零件。鸽子不停歇地啄着不透亮的小窗，圆盘不断转动，零件一个个通过。

突然，鸽子蓬松起身上的羽毛，急速地啄起透明的小窗，圆盘也就停止转动。

"废品！"教授说着顺手取下零件一看，果然有缺陷。

教授告诉工程师："训练这种检验鸽只要 50~80 个小时就行，开始时让它辨认缺陷显著的废品，以后让它逐渐辨认越来越不明显的缺陷。教它如果看到零件没有缺陷就啄一下不透亮的小窗，如零件有毛病就啄透明的小窗。"

由于实验心理学的进步，科学工作者发现某些动物具有人们以前不知道的才能。现在已经有人提出利用猴子的特殊灵敏性和智慧来采集棉花；还有些人打算利用聪明的海豚做鱼群的"牧童"。

信鸽"格久"获金质勋章

1943 年 11 月 18 日，英国 56 皇家步兵旅请求空军支持，以便迅速突破防守严密的德军防线。当机群满载炸弹，正要起飞时，步兵旅中一只叫"格久"的信鸽带来了十万火急的信件，说纳粹防线已被攻占，要求撤销轰炸。从信件中知道，格久在几分钟之内，飞行了三千多米。这一情报，保障了步兵旅一千多人的生命安全。为此，伦敦市长授予格久一枚金质勋章。

小鸟飞机谁厉害

1903 年，美国的莱特兄弟制造出了世界上第一架飞机，人类终于可以像飞鸟一样，在广阔的天空中飞行了。然而，飞机的出现打破了飞鸟一统天空的局面，机鸟相撞的事件接连发生。

1912 年，美国飞行员洛德杰驾驶"莱特"飞机从加利福尼亚往南飞行，在航程中与一只重约 950 克的海鸥相撞，致使飞机操纵失灵坠入大海，自此拉开了飞鸟向飞机宣战的序幕。

世界上一次严重的鸟祸发生在 1960 年 10 月。在美国波士顿，一架 L−188 型客机起飞不久，突然和一群惊鸟相撞，飞机坠毁，62 人丧生，9 人重伤。当人们发现灾难的罪魁祸首竟然是些飞鸟的时候，不禁目瞪口呆！

较大的飞机也怕同鸟相撞。1972 年，一架 DC−10 飞机用尾翼上的第三台发动机紧急着陆，因为两台侧翼发动机被鸟撞坏。同年，一架波音−747 飞机在飞往伊斯坦布尔途中不得不紧急着陆，因为两台侧翼发动机同鸟相撞熄火。

机鸟相撞不仅会造成飞机损伤坠落和人员伤亡，还会给军事和政治带来一定的影响。1983 年 3 月 2 日，埃及国防部长等 13 名高级军事将领，乘坐苏制"米−8 型"直升机到边境进行观察。飞机刚刚离开地面 15 米，一只飞鸟与飞机相撞后被吸入发动机的进气道，阻碍了飞机的正常运转，近 10 吨重的直升机坠向地面，油箱起火爆炸，这些军事要员全部遇难。

飞机最害怕的是座舱漏气、发动机停转或起火。鸟甚至能击穿防弹玻璃，鸟的羽毛会损坏涡轮叶片或使发动机停转，有时是损坏点火导线，卡住飞机操作系统。

羽毛松软，体态轻盈的飞鸟为什么能造成如此大的危害呢？这主要是由于飞机的速度太快了。据计算，一只 0.45 千克重的鸟，撞在每小时以 80 千米速度飞行的飞机上，能产生 153 千克力；

▲ 机场驱鸟

撞在每小时以 960 千米速度飞行的飞机上，则能产生 2200 千克力。倘若是一只 7.2 千克的大鸟，撞在每小时以 960 千米速度飞行的飞机上，能够产生 13 万千克力！由此不难看出，飞机飞行的速度越高，鸟撞在飞机上的力就越大，危害也就越严重。

造成飞行事故的鸟类首先是海鸥，占 53%，其次是凤头麦鸡，占 13%，还有欧椋鸟、燕子、鸽子、老鹰、天鹅、鹈鹕、野鸭、乌鸦、白嘴鸭等。

在较高的高度上很少发生机鸟相撞的事情，机鸟相撞的创纪录高度为 1.1 万米，大多数事故发生在离地面 100~1000 米的高度，而且通常都是在飞机起飞和降落的时候。

在这方面，位于海岸附近和候鸟迁移路上的机场最危险。而机场本身也吸引鸟类，它们觉得空旷的场地是安全的地方。鸟对飞机已经习惯，不再害怕。热流中的跑道上有许多小蚊子，雨后蚯蚓也会爬上混凝土跑道，这些食物吸引着鸟群。如果附近有垃圾场，那鸟就更多了。

鸟类撞击飞机的问题已非常严重，各国都已开始寻找解决方法。世界上 42 个国家的 300 多个科研机构在研究这个问题。

目前，世界各国的科学研究人员在进一步研究和掌握鸟类迁徙规律；从环境入手，规定机场周围一定范围内不许栽树，防止鸟群在树上筑巢；禁止机场附近晾晒谷物、倾倒残羹剩饭，并喷洒药物消灭昆虫，以防止飞鸟在机场周围觅食。

据报道，美国农业部的生态学专家发明了一种液体，可以产生出类似胡椒粉一样的辛辣味道，进入鸟类的呼吸道以后，可以刺激嗅觉，把这种物质撒在飞机场周围，就可以使鸟类逃之夭夭。

一些国家在飞机上和机场的四周安装了驱鸟设备，发出噪音或超声波来驱使鸟类离开。

为对付飞鸟的进犯，日本推出了"魔眼战术"，在飞机上画上使飞鸟望而生畏的"大斑眼蝴蝶"图案，用来驱散鸟群。

1998 年，我国首都机场首次从美国引进了"驱鸟王"、"驱鸟煤气炮"、"防鸟粘胶"等现代驱鸟设备，并已投入了应用。

《激 光》

某些物质原子中的粒子受光或电的激发，由低能级的原子跃迁为高能级原子，当高能级原子的数目大于低能级原子的数目，并由高能级跃迁回低能级时，就放出相位、频率、方向等完全相同的光，这种光叫做激光。

不久前，法国民航总局所属航空技术局的鸟类学家们与法国洛德工程技术公司经过一年半的研究后，共同发明了一种利用激光驱赶鸟类，使其远离飞机跑道的新方法，在世界上尚属首创。这种方法先在法国蒙德马桑和布雷蒂尼的军事基地进行了先期试验，然后在法国蒙彼利埃机场试验并获得成功。

这种用来驱鸟护航的激光被命名为"TOM500"，不久就可以装备所有对此感兴趣的机场。

生机盎然的鸟岛

阳春三月，大地复苏。每当孟加拉湾吹起暖流，菩提树萌发新枝的时候，因避严寒而远居南方的鸟禽，就敏锐地感觉到春天的来临，该是飞回故乡青海的时候了。尽管喜马拉雅山脉的群峰还是白雪皑皑、寒气袭人，但又怎能阻挡这些海外"游子"急迫的回归之心呢！

它们的老家是青海湖中的鸟岛。青海湖，古称西海，蒙古语称"库库诺尔"，意思是"青色的湖"，位于青海省东北部大通山、日月山、青海南山间，属断层陷落形成的。该湖是我国最大的内陆咸水湖，面积 4583 平方千米，绕湖一周约 360 千米，湖面最长处 106 千米，最宽处 63 千米，湖水最深处达 28.71 米，平均水深也在 19 米以上。甘子河、沙柳河、黑马河、布哈河、泉吉河、莱挤河、倒淌河等从四面八方汇集湖中。湖中有沙岛、海心山、海西山、鸟岛、三块石五个岛。

鸟禽都有特殊的记忆力，飞到高原后，它们就分手道别，各自寻找家园故居去了。在江河源头的崖旁，在宽阔河湖的沙滩，都能发现鸟儿们的踪迹。关于青海的鸟有多少，至今仍是个谜。但从生物学者们的多项调查中，已知鸟类就有 650 种。其中生活在青藏高原的斑头雁就有一百多万只，还有成百上千的天鹅。据调查，我国有记载的 15 种鸭科，仅青海湖就有 10 种，这对进行生物学研究该是多么难得的场地啊！

鸟岛坐落在青海湖的西北隅，面积有 0.27 平方千米。夏季气温 16℃~17℃。人烟稀少，天高水阔，环境幽静。湖内的鱼、岸边茂盛的水草都是鸟的食物，而且，其他野生动物又不易侵入。这种独特的地理环境和气候条件，为鸟类栖息和繁殖提供了条件。岛上有鸟 10 万多只，斑头雁、

▲ 鸟岛

鱼鸥、棕头鸥、鸬鹚等占大多数。鸟在岛上划区居住，互不干扰，互为邻居。

在产卵孵化时节，整个岛上鸟巢密布，鸟蛋俯拾皆是。有白色的、米黄色的、青色带褐色花斑的……

由于鸟的独特性格，曾盛传着许多佳话。值得一提的是斑头雁，它生活严谨，助人为乐。成雁丧偶后，均不娶不嫁，即成孤雁。虽三雁同行、同食、同住，但孤雁与成对雁始终保持一定距离。它对同伴的生活很关心。遇有天敌侵扰，孤雁首先鼓噪而起，冲锋陷阵，勇猛异常。母雁伏窝时，雄雁守卫一旁。为了增加窝内温度，母雁自钳其腹毛垫窝，袒胸露腹，紧贴窝蛋。更有趣的是，它能鉴别卵蛋的真伪，并将非卵蛋踢出窝外，俗称"窝边蛋"。在恶劣的气候面前，母雁常恋窝不动，虽苦犹甜。雏雁出壳后，便能听到双亲呼唤，或行或跑或歇，决不破例。一窝卵蛋全部出壳之前，雄雁还需承担抚育幼雏的任务，直等雌雁孵化完成，雄雁才率领全家离岛下湖，开始过游荡生活。

岛上的鸟不欢迎人或其他动物到岛上来。若有人来，则大鸣大叫。当走入鸟巢区，千万只鸟一起飞起，遮天蔽日，没过多久，就下起"粪雨"。这是它们赶人离开的一种特殊方式。

倘若以鸟为食的玉带雕来到岛上，啄食出壳的小鸟，斑头雁为了保护幼鸟，常和玉带雕对峙。公雁在巢区围成一圈儿，使老雕不能接近；当老雕起飞时，千万只公雁将它团团围住。鱼鸥和棕头鸥一起助威，哇哇大叫，直到老雕逃走。为了防止老雕常来偷袭小雁，岛上产生了一种奇特的护送小雁离巢的现象。鸟岛可供小鹰吃的东西很少，小雁出生3天后双亲带领它们离开家园，到远处去找食。一群小雁离巢时，双亲在前面领路，后面有几百只公雁保护着，天上还有数十只公雁侦察。这样，老雕就不敢来侵犯了。快到目的地时，前面两只雁停下来，回过头，看一看，再往前走，这时众多大雁停下来，望着它们远去，直到看不见影子才散开飞回。

为什么成千上万的候鸟要千里迢迢、不辞辛劳地"迁飞"到青海湖鸟岛来呢？那是因为这里夏天气候凉爽，湖面辽阔，水中鱼群云集，给鸟儿提供了丰富的食料。还有一个有利的天然条件，就是原来鸟岛四面环水，与大陆隔绝，鸟的天敌——狐、鼬、鼠和爬虫都难以登岛。

鸟语趣谈

提起鸟类语言时，人们总以鹦鹉、八哥模仿人讲话为美谈，殊不知在鸟类中还有一种世界闻名的珍禽——丹顶鹤会用它富有韵调的鸣叫声来表达感情。古人曾以"鹤鸣于九皋，声闻于天"来形容其鸣声之响亮。

在丹顶鹤的故乡——黑龙江省齐齐哈尔市东部扎龙自然保护区的科技工作者，多年来观察丹顶鹤小家族日常活动和它们生态习性的时候，听到了丹顶鹤发出的各种悦耳而又具有不同韵调的鸣叫声，每种韵调都表达了一定的意思。如丹顶鹤在寻找食物的时候，用喉内音即腔膛音鸣唱，喙部紧闭，音调由鼻部发出，音响低沉短促，即"GO——GO——GO"的声音；在天敌骚扰其营巢而情绪激动时，用喉外音鸣唱，喙部张开，由嘴部发出"KOGO——KOGO"的长鸣叫声，清脆嘹亮，能传至2~3千米远。它用这样的鸣叫声通知"亲友"或"子女"，赶紧远走高飞或者悄悄隐蔽起来。

丹顶鹤在寻偶交配时，不仅双方相互追逐，而且雄鹤追引雌鹤，发出"KOO——KOO——KOO"的求偶单音鸣叫，雌鹤回以"KOKO——KOKO——KOKO"的双音鸣叫，一唱一和，宛如对歌，这时，雄鹤又向伴侣发出一种特殊的鸣叫声，倾诉爱情，这种鸣叫声像悠扬的箫声从远处传来，抑扬顿挫，热情而又柔和，是一曲富有音韵的乐曲。

在动物世界里，人们或许认为鸡是很笨的，因为它既不能高飞，又不能迅跑，反应也很迟钝。但事实证明恰好相反，近年的科学研究结果表明，鸡确实有几十种语言信号，例如：觅食、高兴、恐惧、报警、高温、寒冷、接触、求偶等等，甚至生病也会发出不同的语言信号。

人们经过观察就会发现，带仔鸡的母鸡会发出不同的叫声，仅惊叫就有许多种，如：表示遇有空袭的飞禽，遇有走兽的窜犯等，

▲ 扎龙丹顶鹤

叫声各有不同。小鸡能够在这些不同叫声中做出不同的抉择：或团居于妈妈的羽翼之下，或四散奔逃，或寻隙隐藏。同是觅食，声音也有差异：遇有小虫之类的美味，鸡妈妈就会发出"咕咕"的声音，召唤着："孩子们快来呀，这儿有好吃的。"鸡雏们听到这亲切的呼唤，就会从四面八方跑来抢食这些佳肴。平时，母鸡总是一边走一边发出咯咯咯的叫声，像是在说："妈妈在你们身边。"鸡雏们听到这种声音后，就可以放心大胆地玩耍了。

更有趣的是，鸡，特别是小鸡，在高兴时会一边吃食一边不停地欢叫。所以，养鸡者把鸡在采食时发出的语言称之为"唱食"。

令科学家们惊喜的是，小鸡在破壳而出的前 3 天，就能发出"啾啾"的柔声细语，用以与鸡妈妈"讲话"，这些牙牙学语声或是说"我热了"，或是说"我冷了"，或是说"我很好"。抱窝母鸡根据这些"宝宝"们的不同语言要求进行调整。这就是为什么用母鸡抱窝的鸡雏几乎同时破壳而出，而用孵化器孵化出的鸡雏却要相差十几个小时或更长时间才能出齐的原因。此外，还有一个奥秘：母鸡在孵化时会发出一种奇特的声音，对鸡胚胎的发育起到刺激与调节的作用，使鸡雏能同时出世。可惜的是，随着养鸡的机械化程度不断提高，母鸡孵卵将越来越少见，人们要听到母鸡与小鸡那些丰富有趣的对话也不是很容易了。

现代鸟类学已经能够了解各种鸟类的细微差别。莫斯科大学动物学研究员吉洪诺夫研究过大雁有组织的行为中，有声语言起着很大的作用。幼雁对成年雁的语言是分阶段学会的；有趣的是，有几组信号是幼雁在胚胎状况中就懂得的。

新生幼雏对它钻出蛋壳时听到的声音能马上记住，而且终生不忘。吉洪诺夫合成了模仿母鸡咕哒叫声的人工信号，刚出壳的小鸡听到后会立刻朝着这个声源跑来，就像跑向真母鸡一样。他在人工孵卵室的一些区域不断地传入模仿孵卵母鸡的叫声，结果雏鸡的出壳时间整齐，只用半小时就全部出壳了。

在养鸡场里，小鸡出壳的头几天就要将公母分开，用人工做这件事常常累得养鸡女工眼花手酸，还容易出错。为此，吉洪诺夫同声学工程师共同设计出一种电子装置，它能准确地辨别小公鸡和小母鸡的叫声，从而使雏鸡分类效率大大提高。

掌握了鸡的语言，在养鸡业高度发展的今天，给现代化养鸡场建立自动化生物技术系统管理铺平了道路。那时，尽管养鸡场千万只鸡叫声嘈杂，但应用现代电子技术仍能从中做出细致的分辨，并针对不同情况采取相应对策。

鸟儿的方言和外语

　　鸟儿的歌声真是复杂而多变，每一种鸟儿，都有自己的一套特殊的曲调，还有它们独有的"方言"呢！

　　一般说来，鸟儿每次啼鸣，总有一个含意完整、表达明确的内容，这样一个内容最少大约发出 10 个音节，最多可以发到 100 个以上的音节。音节越多，鸣声也就越好听。有的鸟儿，每次啼叫 2 秒钟，就要停顿一下；有的啼鸣可达 20 秒钟左右；也有的能连续不断地大放歌喉。

　　人们很早就注意到，鸟儿的啼鸣主要是为了寻找配偶，麻雀不是以善鸣著称的鸟儿，可是在寻求配偶期间，它们啾啾唧唧，也唱出许多调儿来。有一位鸟类学家，对一只雄雀作了 45 次记录，发现它在啼鸣中，有 13 种不同的声型，187 个小小的音阶变动。

　　鸟儿的善于啼鸣，除了有它的先天条件外，更重要的是后天学的。科学家把一只幼鸟单独饲养在与外界隔绝的环境里，结果这只鸟儿长大以后，只具有最原始的啼鸣能力。但同样的另一只幼鸟和同种的群鸟养在一起，它的啼鸣能力就强多了，它学会了群体的"语言"，尤其是在有老鸟传带的情况下，它的啼鸣能力发展得更为完善。

　　鸟儿啼声的发展和它们的性激素分泌有直接的关系。从鸟儿的青春期开始，它们便一个音节、一个音节地练它们记着的曲子，在练的过程中，甚至还能对音调加以修饰，所以"新莺初试"，往往悦耳动听。

　　鸟儿的啼鸣除了寻求配偶外，也为了表明它所占的"领地"，在保卫它们"领地"的鸣叫中，有些鸟儿居然还会使用"空城计"呢！比方有一种红翅画眉，往往在一棵树上唱了一会儿之后，又飞到另一棵树上，引吭高歌。而在第二棵树上唱的，无论声型、音调高低，或者持续的时间，都与它在第一棵树上所进行的大不相同。这

▲ 鸟鸣

对于不明真相的其他鸟儿来说，仿佛林子的某一区域里，已经栖息着好几只鸟儿了，还是不闯进去为好，省得找麻烦。

为了证实鸟儿这一保卫领地的绝招，鸟类学家把鸟儿的鸣声录下音来，然后在林子里播放。他们连续1小时，反复播放同一个完整的内容，然后停播1小时，最后又交替播放同一只鸟儿的几个不同的完整内容，也是1小时。结果发现，在反复播放同一内容和停播的那两段时间里，别处有鸟儿飞进林子的这个区域里来了，而当交替播放几个不同内容的时候，别处来的鸟儿，即使飞经这个区域也不稍停。

美国鸟类学家路易斯·巴普蒂斯有一天漫步在旧金山街头，一只普通的棕色麻雀的唧唧喳喳的叫声吸引了他，他突然收住了脚步，用他那训练有素的耳朵倾听，他确信这只小鸟是在阿拉斯加而不是在北加利福尼亚的海湾地区长大的。这只鸟的叫声带有清晰的阿拉斯加麻雀的"方言"，和加利福尼亚麻雀的叫声很不一样，后者又有几种地区性的西海岸"口音"。

同类的鸟儿会群集在一起，但是和人们通常的想法不同的是，它们在成长时鸣叫的声音却是跟它们的双亲学会的各种不同的"方言"。研究表明，虽然鸟在刚孵出来时的叫声都是一样的，即是一种天生的啼鸣，但是，它们很快就学会了当地的"方言"。

巴普蒂斯塔是研究鸟类鸣叫的权威专家之一，专门研究某一种鸟（比如普通麻雀）的叫声在世界各地有什么区别。二十多年前，他就动手把鸣叫声录下来，现在则借助于计算机进行研究。他从计算机里提取大量的用图表显示出鸟叫声的答案。这些计算机答案是一些散乱的黑线条，看上去就像地震仪记录的标记。但是，对他来说，看这些东西犹如读乐谱一样，他能毫不犹豫地用口哨吹出一种鸟叫声，并且指明它和其他鸟叫声的细微差别。

鸟儿不但有"方言"，也有"外语"。

美国科学家用录音机录下了宾夕法尼亚州乌鸦的惊叫声，然后拿到美国其他州有乌鸦的地方去播放，听到录音的乌鸦都马上惊慌地飞走了。可是当他们把录音带送到法国对着乌鸦播放时，法国乌鸦不仅不飞逃，反而聚拢起来听得津津有味儿，它们对美国乌鸦的惊叫声没有做出相应的反应。美国海鸥惊叫的录音同样也只能在本国起作用，送到法国播放也不起作用。从上述实验可以看出，鸟类也有"外语"。

动物"世界语"

动物"世界语"是指一种动物发出的语言信号，能同时被几种其他动物所理解并做出反应。主要分为报警世界语和呼救世界语。生活在同一区域里的鸟类、兽类几乎能听懂任何一种鸟类或兽类发出的危险警报，并及时躲到安全地带。如树上的喜鹊发现猎人，"唧唧喳喳"发出警报，鹿、野猫、狮子、老虎都会做出反应。动物"世界语"对维护动物群落的繁荣和生态平衡具有重要意义。

最早确定的国鸟

　　地球上的 9000 多种鸟类，都是大自然里与各种美丽生命共生存的朋友。它们以婉转的歌声、优美的体态风姿，为山水增添了无尽的诗情画意。正因为有了鸟儿，天空才格外蔚蓝，树木才愈加葱郁。人类和鸟的亲密关系远非自今日开始，其亲密程度更令人咋舌。为了号召人们保护鸟类，特别是以本国特产的珍禽为荣，许多国家都确定了自己的国鸟。1782 年，美国国会郑重通过决议，率先把白头海雕定为国鸟。

　　白头海雕在幼小的时候，生长在头部的毛是黑色的。可是，随着年龄的增大，它周身上下的毛呈现暗褐色的时候，头上原先黑色的羽毛，却渐渐变为白色。而且，从头顶一直覆盖到颈部，形成鲜明的对照，所以被称为"白头海雕"。尽管白头海雕性情凶猛，但是它的外貌还是美丽的。它的体长近 1.2 米，双翅展开有 2 米多长，最大的体重可达 10 千克。

　　白头海雕的飞行肌十分发达，占全身肌肉的 20%，肌肉收缩的力量比人类肌肉强 4 倍。故白头海雕飞行时显得十分威武雄壮。

　　白头海雕的配偶固定，恪守一夫一妻制。它的巢安置在高山的大树上，轻易不乔迁新居，而是每年整修加固，于是它的巢就越来越大。佛罗里达州曾经发现一只海雕巢，直径达 3 米，厚有 7 米，重达 2 吨。动物学家估计这对白头海雕已在这儿生活了 20 年。

　　白头海雕有很强的飞行能力，当它翱翔在万里晴空时，黑压压的双翅，犹如一架小飞机。它的声音洪亮，震撼山谷，吓得地上走兽四处逃散。所以在美国，人们称它为"百鸟之王"。白头海雕不仅飞得高，飞得快，而且眼睛异常敏锐，甚至能正视太阳。一旦发现猎物，就闪电

▲ 白头海雕

般地猛扑下去，动作非常敏捷，能轻而易举地抓住猎物。

白头海雕母雕产卵一般在11月上旬，产两枚卵。先产一枚，在抱窝的过程中再产一枚卵。抱窝一个月后孵化出雏雕。白头海雕主要以大马哈鱼、鳟鱼等大型鱼类和野鸭、海鸥等水鸟，以及水边小型哺乳动物为食。美国三面环海，东北面有五大湖，鱼类资源相当丰富，为白头海雕的生活提供了优越的条件。但是，由于种种原因，如大量捕杀，鱼类受到工业污水的毒害，白头海雕捕食后慢性中毒，在不长的时间里，日益减少，走向了绝灭的边缘。美国国会为了使本国的特产白头海雕不致绝种，号召国民树立保护鸟类的思想，于1782年6月20日，通过提案，把它作为美国国家的标志，并推举为"国鸟"，同时把其雄姿铸入硬币。《美国大百科全书》（国际版）对白头海雕的解说是："雕是力量、勇气、自由和不朽的象征，自古以来就被作为国徽、军徽，有时也被用于宗教性的象征。"

但是，随着美国经济的发展，生态环境受到严重破坏。特别是由于农药的使用，导致白头海雕产卵异常，繁殖率下降；加上人为的捕猎，更使白头海雕的数量减少。过去曾遍布北美大陆的白头海雕，现在仅限于加拿大的魁北克省、美国的阿拉斯加州、缅因州、密歇安州和墨西哥的一部分有白头海雕繁殖，其他各地只能看到迁徙途中的白头海雕。美国政府在1940年制订了白头海雕保护法，来保护这一濒危的国鸟。1982年，为保护白头海雕，里根总统宣布每年的6月20日为美国国鸟白头海雕日。

美国是世界上最早确定"国鸟"的国家。此后，很多国家认为，应用这种办法教育人民树立保护鸟类的意识有着积极的意义，便相继选出本国人民喜爱的，或者是这个国家特产的，或者是有重要经济价值的鸟，作为国鸟。目前已知一些国家的国鸟为：缅甸：孔雀；印度：蓝孔雀；斯里兰卡：黑尾原鸡；伊拉克：雄鹰；英国：红胸鸽；爱尔兰：蛎鹬；法国：公鸡；奥地利：家燕；爱沙尼亚：家燕；比利时：红隼；冰岛：白隼；瑞典：乌鸫；挪威：河鸟；丹麦：白天鹅；德国：白鹳；波兰：雄鹰；荷兰：白琵鹭；卢森堡：戴胜；津巴布韦：津巴布韦鸟；肯尼亚：雄鹰；毛里求斯：渡渡鸟；乌干达：皇冠鸟；赞比亚：雄鹰；南非：兰鹤；澳大利亚：琴鸟；巴布亚新几内亚：极乐鸟；新西兰：无翼鸟；美国：白头海雕；墨西哥：长脚鹰；危地马拉：彩咬鹃；萨尔瓦多：蛎鹬；巴哈马：红鹤；多米尼加：鹦鹉；巴巴多斯：鹈鹕；特立尼达和多巴哥：蜂鸟；厄瓜多尔：大秃鹰；委内瑞拉：拟椋鸟；智利：山鹰；阿根廷：棕杜鸟；日本：绿雉……

国鸟趣谈

"无翼"的国鸟

鸟类一般都有翅膀，羽毛丰满。而在新西兰却生活着一种没有翅膀的鸟，这就是几维鸟。新西兰人骄傲地称自己为"几维人"，把这种鸟尊为"国鸟"。在新西兰的钱币、邮票、明信片上，也可看到几维鸟的图案。至于物品的商标，商店的牌号，用"几维"两个字命名的就更多了。这些都表明，几维鸟的品格和精神已经深深地印入新西兰人的心田里。

追认的国鸟

在印度洋西部马斯克林群岛中有一个非洲岛国，叫毛里求斯。15 世纪以前，岛上的渡渡鸟数量很多，但自从欧洲殖民者相继在这里定居后，他们不仅带来了猪、狗、猴、鼠等动物开始捕食渡渡鸟的卵和雏鸟，还开始对大片森林进行砍伐，对肉味细嫩鲜美的渡渡鸟进行大肆掠杀，最终导致渡渡鸟于 1681 年灭绝了。为了记住殖民主义统治的历史罪恶，毛里求斯在 1968 年 3 月 12 日宣布独立的时候，将渡渡鸟刻在了国徽上，以此作为和平的象征。

渡渡鸟属鸠鸽目，又名愚鸠。这是冒险的葡萄牙人绕过好望角，登上毛里求斯的国土后，在饱尝渡渡鸟的美味之余，给它取的名字。"do—do"是葡萄牙语，愚笨的意思，说明它行动迟缓，易捕捉。遗憾的是现在连一只渡渡鸟的标本也没有保存下来，幸好，从美术家的画幅中，可以让后人一睹渡渡鸟的风采。

有趣的是，渡渡鸟的故乡有一种稀有的热带树种——大颅榄，这种只有毛里求斯才有的树，也只剩下 13 棵，寿命达 300 多年，虽开花结果，种子

▲ 渡渡鸟

却不发芽。后来，科学家在渡渡鸟的残骸中发现了大颅榄的种子，猜想渡渡鸟应该是大颅榄种子的"白磨机"。他们用吐缓鸡代替渡渡鸟，给它吃了 17 棵大颅榄种子，吐缓鸡的砂囊消化力极强，磨碎 7 棵，磨薄 10 棵，竟有 3 棵发了芽。

自豪而美丽的国鸟

1984 年 8 月，丹麦电视台《与动物交朋友》节目，举办了一次选举丹麦国鸟的活动，选出了在丹麦野生的一种突顶天鹅为丹麦的国鸟。天鹅，也称"鹄"，鸟纲、鸭科、天鹅属各种的通称。现在世界上共有 5 种天鹅：疣鼻天鹅、大天鹅、小天鹅、黑天鹅和黑颈天鹅。丹麦国鸟"突顶天鹅"，就是疣鼻天鹅。丹麦的疣鼻天鹅约有 4000 对，约占欧洲这种鸟的 1/4。丹麦人对白天鹅有着特别的偏爱，世界著名童话作家安徒生在《丑小鸭》的童话中，把丹麦誉为"天鹅之巢"，把自己的一生喻为从丑小鸭成长为白天鹅的一生。丹麦人对此引以为豪，称天鹅是"自豪而美丽的鸟"。这是白天鹅能被选为国鸟的主要原因。疣鼻天鹅是天鹅中体型最大、最美的一种。它浑身雪白，白得一尘不染；它的鹅冠鲜红，红得如鲜血凝成。它的体态丰满雍容，犹如雪莲含苞怒绽；它的头颈长而高挺，嘴亦红，前额具有黑色疣突，好像庄穆圣洁、身披雪白羽纱、明眸丹唇的仙女。白天鹅的举止凝重、安详、娴雅、温柔、秉性高洁，所以人们常把它视为美好、纯真与善良的象征。

"哑巴"国鸟

白鹳是德国人民选定的国鸟，象征吉祥。而欧洲的白鹳，基本是"哑"的。但是它们也有语言。当守在巢里的白鹳，看见亲人远远归来时，会高兴地敲起响板——上下嘴壳使劲拍打，发出"啪啪"的响声，数百米外都能听到。传说还有件有趣的故事：在一个动物园里，一只雄黑鹳竟然追求起雌白鹳来，而雌白鹳又真的与它热恋了，不久，两鹳便着手营巢。黑鹳传统的"爱情语言"是真诚地频频点头，邀请新娘进巢产卵。然而，雌白鹳不明其意，因为雄白鹳邀请它上巢时，总是敲打嘴巴，啪啪作响，仿佛在鼓掌欢迎一般。由于"语言"不通，最终无法占巢生儿育女。

宁死不屈的国鸟

危地马拉的国旗、国徽上有彩咬鹃的图案。还种鸟羽毛艳丽、华贵，并具有一种向往自由的特性。一旦被捉，它宁死也不过笼中生活。热爱自由的危地马拉人民把彩咬鹃看做是自己国家的象征。

映红天空的国鸟

巴哈马是红鹤群栖之乡。它因为身披红羽而得名。每当红鹤云集，绵延一片，把那里的天、那里的水都映红了。真是景色秀丽，天下奇观。在巴哈马，人们把红鹤看成是这个国家的标志，在国旗上便是一只外貌端庄的红鹤。

奇鸟拾零

岩雷鸟

岩雷鸟生活在我国阿尔泰山一带，由于它的羽毛颜色随季节而变换，人们称它为"变色鸟"。它像鸽子，但比鸽子大，长约33厘米，重0.5千克。冬天，它银装素裹，浑身雪白；春天，它变成淡黄色；夏天，它的羽色变成了栗褐色；秋天，它又变成了暗棕色。

红腹锦鸡

红腹锦鸡，又名金鸡、锦鸡、彩鸡，是我国特产，也是驰名于世的名鸟。红腹锦鸡体型较雉鸡小，雄性色彩斑斓，长约100厘米，重1千克左右。头上有金黄色的丝状羽冠，披散到后颈。脸、额、喉和前颈锈红色，后颈围以橙褐色镶有黑色细边的扇状羽，宛如披肩。上背除绿色外，大都金黄色，下体深红色，尾长超过体长2倍以上，色黑褐而杂有桂黄色斑点。全身羽色赤、橙、黄、绿、青、蓝、紫，相互衬托，美丽绝伦，显出一种雍容华贵的风采。雌鸡羽冠披肩不发达，尾羽很短，全身几乎都是棕褐色。

红腹锦鸡不仅体羽华丽，而且舞蹈也很奇特。雌雄常翩翩起舞，似急促的弧形或圆形奔走，两足前后站立，引颈挺胸，不断发出柔和的鸣声。红腹锦鸡是一种杂食性鸟类，既吃灌木的嫩芽、叶和种子，又吃各种昆虫。

红腹锦鸡形态华丽，是中外动物园中深受人们宠爱的观赏鸟禽之一，历来也为我国诗人所鉴赏。宋代诗人在咏吟红腹锦鸡的诗中，把它描绘得有声有色。

几维鸟

新西兰是世界上唯一有几维鸟的国家。几维鸟家族

▲ 黄腹角雉

长角的鸟并非只有黄腹角雉。在我国西藏，有腹部灰色的灰腹角雉、通体大都呈黑色的黑头角雉及通体绯红的红胸角雉。在西藏东南部，向东至云南北部，四川、甘肃、陕西、湖北及湖南等地，还有一种红腹角雉。

里实行母治，即雌性统治雄性。雌性几维鸟只下 2~4 枚蛋，孵蛋的任务则由雄性几维鸟承担。而雌鸟则展"翅"抒怀，悠闲自在。雄性几维鸟要比雌性几维鸟小得多。

几维鸟的尾部光滑平坦，没有尾巴，也没有翅膀，因为两翼发育不全，基本没有用处。

几维鸟不能飞，因此当遇到紧急情况时，它只能借助其两条健壮的腿逃之夭夭了。它既没有尾巴，又没有翅膀，但在它那个长而弯曲的嘴上却有着稀奇之处：其他鸟类的鼻孔长在嘴的底部，而几维鸟的两个鼻孔却长在嘴尖上。

几维鸟这一名字是当地居民根据它的叫声而起的。几维鸟自己能力很弱，可是，由于它有夜间活动的习惯，加之它生活的区域内没有凶禽猛兽，因此，它还是长期生存了下来。

格查尔鸟

格查尔鸟，号称南美洲的"极乐鸟"，是危地马拉的国鸟。

格查尔鸟又称彩咬鹃、凤尾绿咬鹃、长尾冠咬鹃。"格查尔"在印第安语里是金绿色的羽毛，格查尔鸟是世界上少有的最美丽的鸟，它如鸽子般大小，红腹绿背，头和胸部浅褐色，周身羽毛呈华丽的闪绿色，鲜红色的嘴很精巧，这一红一绿把整个身体衬托得楚楚动人。特别是雄鸟那雪白的羽冠，拖着一米多长中黑边白的尾羽，形态奇特。

格查尔鸟同"森林医生"啄木鸟是同一个家族。嘴喙强直有力，可凿开树皮。舌细长，能伸缩，尖端列生短钩，适于钩食树木内的蛀虫，是森林益鸟。它们是典型的栖树种，很少落于地面，喜欢成对生活，雌雄嬉戏，形影不离。食性杂，吃昆虫、果实，也吃蜥蜴、青蛙。

危地马拉选格查尔鸟为国鸟，不仅是因为它美丽，还因为它是自由的象征。有这样一个美丽的传说：1524 年，西班牙殖民者入侵，决战前夕，一只格查尔鸟在奋勇抵抗的印第安人上空不停地盘旋，婉转啼鸣，大大地鼓舞了士气，印第安人最终赢得了胜利。后来战斗英雄特昆·乌曼不幸战死，一只格查尔鸟落到他胸膛上，英雄的鲜血染红了鸟的胸脯，所以它在危地马拉人心目中享有崇高的地位。格查尔鸟性情高洁，酷爱自由，无法笼养，故称"自由之鸟"。1871 年，政府将该鸟定为国鸟。在国旗蓝色圆面的轴卷上有一只格查尔国鸟，它被视为自由、爱国、友谊的象征。1924 年，又把格查尔定为货币名称，把它印刷在货币上。同时，还将格查尔勋章列为国家最高荣誉勋章。

鸟群撷趣

光明鸟

印度巴耶森林里的巴耶鸟叫"光明鸟"。"光明鸟"似鸽子大小，浑身长满乳白色的羽毛。白天它在晴朗的天空中飞翔、觅食，夜晚又用"食品"将萤火虫引到鸟巢周围为其驱散黑暗。雌鸟生蛋孵雏的夜晚，雄鸟不但要及时供应水，还要不停地

▲ 红嘴蓝鹊

引来萤火虫，以便让雌鸟在光明舒适的"产房"里"生儿育女"。

灯笼鸟

非洲的基尔森林里，有一种周身因长满含磷镁成分的羽毛因而发光的鸟，人们叫它"灯笼鸟"。"灯笼鸟"不但能发光，还有百灵的歌喉、鸳鸯的美貌。每当夜晚，"灯笼鸟"周身放光，恰似熠熠闪烁的灯笼。其他鸟类常常借着它的光芒，随它一起行动。森林里夜间迷路的人们，也可借助"灯笼鸟"的光亮识别方位、路途。

闪电鸟

印度尼西亚的布顿岛上，有一种腹部长着一块酷似玻璃镜的鸟，在光线照射下，闪闪发光，形若"闪电"，因此被称为"闪电鸟"。该鸟常在明朗的夜空飞行，当如水的月光反射到"镜片"上时，灿若流星，快似闪电，令人叹为观止。

复仇鸟

古巴哈瓦那海滨的森林里，有一种疾恶如仇的鸟叫"复仇鸟"。这种鸟小似黄鹂，浑身翠绿。当雌鸟遭袭，鸟蛋被盗或雏鸟被偷时，雄鸟立即奋不顾身，冲上前与"敌人"搏击。如敌不过便尾随其后，跟踪至"敌人"住处，伺机叨瞎其眼睛，并把被盗去的鸟蛋或雏鸟抢回。

发光鸟

在非洲的喀麦隆有个鸟光节。每当夜幕降临、星斗初露的时候,来自村寨里的男女老少,每人手提一只闪闪发光的鸟笼,从四面八方走向附近的山坡、草坪。一时间,一只只鸟笼,宛若数百只光球,布满了田野、山坡。村里的男女青年,借此机会对歌诉情,尽情地跳着、唱着。

据最新研究得知,这种鸟的体表是由能发光的细胞组成的,硬皮通过吸收氧气,使细胞内的发光素和发光酵素氧化,发出光来。山区居民把这种鸟捉回来喂养在鸟笼里,利用它的光亮,作为人们夜间居室照明、行路、学生读书之用。

衔鱼翠鸟

"有意莲叶间,暂然下高树;擘波得潜鱼,一点翠光去。"这是钱起的一首《衔鱼翠鸟》。诗句短短 20 个字,似乎抢拍了一只翠鸟捕鱼的精彩瞬间,真是妙笔传神!

翠鸟常常独栖在海水旁的树枝或岩石上,历久不动。然而一见水中有鱼虾游来,立即猛扑入水,用嘴捕取。有时鼓翼于离水面 5~7 米的空中,俯首注视水面,见铒便迅速直落水中,急掠而去。翠鸟嗜鱼,为养鱼人之忌,故有鱼狗、鱼虎、钓鱼郎等俗名。

筑室鸟

筑室鸟产于澳大利亚和新几内亚。雄鸟擅长"建筑"。所建房屋相当精巧,或二三居室,或配以 3 米高塔。甚至会用树皮搅和木炭、水和油漆,油饰房舍。

造花园更是筑室鸟的一大爱好。它们在住室外清理出一块圆形空地,然后衔来贝壳、叶子、花朵和草莓果。要是附近有人家,它们还会偷来钥匙、珠玉、玻璃块和金属块做装饰。有一位科学家竟然在鸟的花园里发现了一枚玻璃眼珠!

带着雏鸟飞行的丘鹬

丘鹬生长在罗新岛上,它会用爪子带着雏鸟飞行。狩猎家和自然科学家杰特洛夫曾观察过,当猎人走近丘鹬时,它就把一只幼雏夹在两腿的跗蹠骨之间飞向空中,把它带到大约 15 米以外的地方后,又飞回来陆续带走其他雏鸟。

鸟类中的全能冠军

一般鸟善走者不善飞,或者是能游善潜者不善跑和跳。唯独海雀,在海中取食能善潜,可以从水面上起飞,到悬崖上休息或生育后代,而且可在陆地上行走、快跑和跳跃,还能爬到人都难以攀登的陡峭的石坡上。真不愧为鸟中的全能冠军。

珍禽荟萃

当人们到大自然中去饱览山川的秀丽景色时，那五光十色的鸟儿穿梭于绿荫山谷和小溪之间，那轻盈的翔姿和动人的鸣唱，令人心旷神怡。

太阳鸟

太阳鸟是一种典型的热带鸟类，足迹遍及喜马拉雅山以东地区——缅甸、尼泊尔、印度东北及我国西南和东南等地，体重仅 5~6 克，连尾羽在内，最大的身长不超过 15 厘米。它有细长微弯的嘴和管状的长舌，和蜂虫一样以吸食花蜜为生。

每当太阳初升，霞光映照，或者雨过天晴，万里蓝天的时候，太阳鸟和蝴蝶、蜜蜂等在万紫千红的百花丛中，成群飞翔。它们那鲜艳的羽衣，闪现着红、黄、绿等耀眼的光泽，夺目异常，故名"太阳鸟"。当它们不停地挥动着短圆的小翅膀，轻捷地将长长的嘴，伸进花蕊深处吸食花蜜时，那悬停半空、倒吊身子的高难度动作，简直和美洲的蜂鸟一模一样。所以，有人把它誉为"东方的蜂鸟"。

我国有六种太阳鸟（太阳鸟属），即中央尾羽蓝色、喉胸黑色、腹部绿灰的黑胸太阳鸟；尾羽绿色、胸部鲜红、下背及腰鲜黄的黄腰太阳鸟；尾羽深红的火尾太阳鸟；喉部呈金属绿色的绿喉太阳鸟；头尾绿色、中央尾羽特长，并有两根羽毛分叉的叉尾太阳鸟和喉部蓝色的蓝喉太阳鸟。

每年春季，是太阳鸟的繁殖季节。这时，太阳鸟双双对对，在森林边缘或沟谷坡地的灌木丛间筑巢。巢呈梨形，悬挂枝头，随风摆动。每巢产卵 2~3 枚，卵壳乳白，间有细小的棕色斑点。

太阳鸟还是带着翅膀的"月下老人"，为植物传授花粉。它虽然嗜食花蜜，但遇到小甲虫和蜘蛛，也

▲ 太阳鸟

鸟 爪

鸟的种类繁多，不同的生活方式和生存环境，使它们的脚和爪也变得多种多样。猛禽类的猫头鹰、秃鹫等，脚强壮而有力，趾端有锐而钩曲的爪，有利于捕杀动物。攀禽类的啄木鸟、杜鹃等脚也很强壮，趾端有锐利的爪，能稳当地抓住树干。

不放过开荤的机会，抓来充饥。

四翼鸟

天地之大，无奇不有，奇禽异鸟，层出不穷。

鸟有两翼，便能展翅高飞；有的偏翼外生翅，独树"双帜"，以便引诱异性。非洲发现一种世上罕见的奇禽——四翼鸟便是一个例子。

四翼鸟生活在塞内加尔和冈比亚西部到扎伊尔南部，是夜游动物，与昼伏夜出、鸣啼悦耳的夜莺同属一科。人们赠给它"四翼鸟"这个美名是不无道理的。雄四翼鸟在交尾期，便在每只翅膀上生出一根长长的羽翅。飞行时，这两根羽翅就像两面旗帜似的，有时高高地竖立在身体上面，迎风招展；有时又收藏在身后，"偃旗息鼓"。观察者感到，似乎这种鸟有四只翅膀，然而有时又产生这样一种印象：似乎有两只小小的黑鸟，尾随其后，紧跟猛赶。

尽管四翼鸟头尾全长仅有 31 毫米，两翼也不过 17 毫米长，然而它的"羽毛旗"却长达 43 毫米。可交尾一结束，雄四翼鸟就折断这两根妨碍它展翅高飞的装饰品。有时可以看到被它咬剩下的长羽毛，秃秃地竖立在它的翅膀上，一直保存到下次换毛。给四翼鸟拍照的机会是非常难得的，因为它像夜莺一样，昼伏夜出，总是在黄昏后飞出活动。

红 鹤

红鹤是世界珍禽之一，外貌高雅而端庄。细长的脖子，长着个小头颅，嘴呈黑色，小眼睛呈黄色，身高 1.2 米，披着一身粉红色的羽毛，纤细的双腿，无论亭亭玉立，还是徐徐踱步之时，总给人以文静、轻柔之感。

红鹤跟水鸟同族，又叫火鹤、红鹳和火烈鸟。它脚趾间有蹼，常涉足水中，鸣叫时发出咕咕声。

非洲是红鹤栖居最多的地方，以坦桑尼亚马尼亚拉湖畔的红鹤群最著名。红鹤群集时，远望一片浅红色，绵延好几千米，煞是美丽。法国罗讷河河口的荒原上，也群栖着红鹤，这种美丽的鸟非常胆小，听到响动就群飞起来，遮天蔽日。法国政府已下令加以保护。美洲也是红鹤的故乡。墨西哥的尤卡坦半岛以及巴哈马群岛、安德罗斯岛和伊纳瓜群岛，都是红鹤群聚的地方。巴哈马人把红鹤尊为国鸟。

红鹤喜欢群居，常在浅水湖滩觅食。红鹤繁殖时，先用喙把污泥滚成小球，然后用脚把它堆砌成巢，像个圆锥形的平台，上面是碟形凹槽，离地约 40 多厘米。春天配偶时，雄鹤跑到雌鹤前，引颈展翅，欢跃起舞。几天后，许多红鹤就成双成对了。

候鸟朝南飞

　　秋天，树叶开始凋零，气候渐渐转为寒冷，许多北方鸟类扶老携幼，按照一定路线，列队飞向南方；春天，万物复苏，百花盛开，绿草茵茵之时，它们又结队返回原地，为了传宗接代，开始生儿育女。这种不辞辛苦，飞越千山万岭的鸟类迁徙，是自然界一种有趣而神秘的现象。

　　鸟类迁徙多为南北方向，或先横飞到达海滨后再顺着风势南北纵航。鸟类迁徙的路线，主要决定于地势与食物的供给，同时因种而异，且常是年年固定不变，或沿海岸、山脉，或循河流、湖泊而飞行。空中鸟瞰易于识别方向，近水地带滋蔓着大量的草木和虫，是最适于鸟类休息、觅食的场所。

　　结群迁飞的鸟类，往往是老鸟前飞，其他鸟跟在近旁或后面，形成一定的队形。如大雁时而排成"人"字形，时而排成"一"字形，边飞边鸣，相互呼应，唯恐掉队。一般小鸟的飞行高度在 500 米以下，大型的雁、鹤、鹰等飞行在 500~1000 米左右。

　　鸟类为什么要不辞辛劳地在每年春秋两季长途迁移呢？科学家们虽有不同的看法，但主要是因为一到冬季，北方即天寒地冻，昆虫和植物不再滋生，鸟类失去了生活资源，被迫南迁。越冬以后，鸟类的生殖腺逐渐发育膨大，分泌功能激发卵巢育卵活动，而越冬地区的气温较高，对鸟类的生殖细胞发育不利，且蛇、鼠、兽等敌害较多，不利于幼鸟生存，因此都迁回了北方繁殖。

　　那么，鸟为什么朝南飞呢？对于这个问题回答起来也比较复杂。鸟类避开冬天的严寒是容易理解的，可是它们年年坚定不移地朝着相同的方向——南方飞，这依然是大自然中一个尚未解开的谜。

　　这个谜底的一部分正在被人类揭开。科学家们在某种意义上对鸟飞行的诸多本领感到吃惊。例如，鸟类一般是在夜里或黄昏时开始远飞。晴天时，它们靠星星来识别方向，因为苍穹是围绕着北极星旋转的，所以它们能辨认出真正的地理北

▲ 候鸟

方的标志，从而找到要飞的路线。黄昏时，它们的感官对天空中光的偏振面进行分析，这个方位标较小，主要在傍晚才可觉察到，它给鸟类提供了一种"太阳罗盘"，指引飞行方向。然而，在某种情况下，这些"向导"也是不起作用的，例如阴天或夜幕降临时。

虽然许多生物天生对磁场有感觉，但是却没有人真正知道这种感觉是如何发挥作用的。鸟类辨认不出南北来，人类辨认也是靠指南针。相反，鸟类能够准确地测量出陆地磁场的"坡度"，即磁力线据以抵达地面的角度。这个参数在靠近磁极（南极或北极）的地方增大，而在赤道地区则变小。因此，鸟类能够"知道"它们是总朝一个极点飞去或远离那个极点。

它们为了找到正确的方向，既要发挥确定北极星位置的能力，也要发挥确定极点位置的能力。这

> ## 《 候 鸟 》
>
> 候鸟是随季节不同作定时迁徙而变更栖居地区的鸟类。夏季在一定地区繁殖，秋季飞往南方温暖地带越冬，翌年春季又飞行北返的种类，对这一地区说是"夏候鸟"。夏季在北方繁殖，秋季飞临某一地区越冬的种类，对这一地区说是"冬候鸟"。

不是那么容易的。因为地磁北极（地球磁场的北端）和地理北极不在同一个位置。地磁北极位于加拿大北部的巴瑟斯特岛附近，而地理北极则距那里大约 1600 千米，这使北极鸟有些"不知所措"。

美国纽约州立大学的肯尼思和玛丽·埃布尔研究的草地燕雀就属于这种情况。这种鸟在北美洲北部繁殖，到美国南部和中美洲过冬。对于出生在阿拉斯加巴罗角的年幼燕雀来说，地磁北极位于地理北极的东经 90 度，而对于出生在魁北克昂加瓦半岛的燕雀来说，地磁北极则位于地理北极的西经 45 度。对于燕雀来说，这确实是伤脑筋的难题。

肯尼思和玛丽·埃布尔指出，燕雀只是利用休息阶段来作它的长途旅行的，以便根据所测定的北极星位置来重新校准它的"太阳罗盘"。总之，一旦对所要飞行的方向犹豫不决，燕雀就靠天空重新调整它的方向。

当然，这并非总是如此简单。德国法兰克福大学的沃尔夫冈和罗斯维塔·维尔奇科夫妇因为研究鸟类的迁徙而闻名，他们主要研究花园莺的迁徙。他们的研究小组证明，一旦出现信息冲突，磁信息往往会战胜天气的信息。乍一分析，这似乎与以前的结论完全相矛盾。

沃尔夫冈和罗斯维塔·维尔奇科夫妇发现，从出生开始就生活在某个磁场的鸟类一旦离开了磁场，就十分信赖星星，并同时利用已经不存在的最初磁场的方向为自己指路。这表明地磁位置优先于地理位置。至于那些在磁场外长大的鸟类，它们只是朝着远离地理北极的方向飞行。如果缺少任何其他信息，寻找暖冬的鸟就会向南飞。星星似乎能指引总的方面，而当时的磁信息可以使鸟的飞行路线准确无误。

候鸟的迁徙

　　一个金秋的早上，渤海湾里水平如镜，一座座青黛色的岛屿清晰地倒映在水中，薄薄的晨雾滑过耳际，鸟类环志站的工作人员乘坐渔船，向大黑山鸟类自然保护区进发。

　　大黑山岛是庙岛群岛中一座十分奇特的岛屿，也是我国候鸟迁徙路线上一处重要的中转站。候鸟一般在初春就从大洋洲及我国南方沿海岸线向北横越渤海湾飞往大、小兴安岭和西伯利亚等处繁衍栖息，秋季又飞往温暖的南方越冬。由于大黑山岛上山岭叠嶂、谷涧清幽、林树葱郁，草茂花杂、海蚀洞穴遍布海边岩壁，为鸟类提供了良好的栖息环境，因此每至春秋两季，南迁北徙的两百多种候鸟在飞临渤海时大都在此落脚歇憩。从这里过往的候鸟不仅有丹顶鹤、天鹅、白鹳等珍禽，而且还有瑞典的东鸦、丹麦的云雀等 7 个国家的国鸟。大黑山岛由此得了一个别致的绰号——海上候鸟驿站，喜迎八方来客。

　　一登上大黑山岛，满目都是鸟的踪迹。成群的鹰、雁一排排、一队队如一片片亮灰色的云，飘然地从岛的上空掠过，在路边和村舍旁高大的洋槐树上，硕大的喜鹊巢鳞次栉比，草丛里不时被我们惊飞一群亮蓝色的斑鸠和短尾巴的鹌鹑，在茂密的树林中，一群群黄鹂、杜鹃在安详地理翅梳羽，几只灰鸡和丘鹬摇摇摆摆地在灌木丛间穿来穿去，两只通体如雪的白鹭踱着高雅的步子，偶尔，三五只头顶羽冠、身披七彩羽毛的戴胜从他们眼前飘然而过……

　　穿过松林，山头上空有许多鹰、鹞等猛禽在盘旋上升，而且越聚越多，然后又排成一字长蛇阵向南飞去。

　　鸟类的迁徙规律十分独特有趣，猛禽类是白昼赶路，夜晚落入林中栖息，而草食禽类则是黑夜里迁徙奔波，清晨便钻到树林草丛觅食歇翅。猛禽是鸟类家族中的"霸权者"，而雀鸟们则属于鸟类当中的"弱小民

▲ 白鹳

族"。每到傍晚，上路迟的雀鸟和降落早的猛禽一旦遭遇，便会爆发一场激烈的"鹰雀大战"。

天至黄昏，鸟类环态站的工作人员饶有兴致地等待着"鹰雀遭遇战"的爆发。此刻，休整了一天的雀鸟们都"噗噗"地从树林里飞出来，身披暮色扶妻携子急急忙忙上路了。突然，林中"哄"的一声炸了营，一大群雀鸟惊叫着四处逃散，原来是几只饥饿的鹞鹰从空中落下闯入了林子。这时，一群鹌鹑刚从草丛中飞起，一只鹞鹰紧贴草皮闪电般扑了上去，只听一声惨叫，一团毛从空中飘落下来，那只鹌鹑已死在了鹞鹰的利爪之下。得意扬扬的鹞鹰正要去享用这美妙的晚餐，一团黑影向它疾扑过去，只见一只凶猛的苍鹰伸出铁钩般的利爪直取那只鹌鹑，两只空中霸主上下翻飞着，扯咬着，搏斗着。鹞鹰终是体弱力亏，只几个回合便落荒而逃，鹌鹑又成了苍鹰的口中之物。

你看，候鸟在迁徙途中，也要经历着艰难险阻啊！

候鸟是一种随季节变异而改变栖息场所的鸟，像燕子、杜鹃、白鹤、莺等等。

候鸟的迁徙，一般每年有两次：一次在秋季，离开它的生殖地区向南迁徙以越冬；另一次在春季，由越冬地迁回原生殖地。

鸟儿为什么要随季节变化而更换自己栖息的地方呢？

生物学家告诉我们，鸟类的迁徙，是由于长期的生活条件的变更而引起的。迁徙是鸟类对季节变化所形成的一种适应能力：天冷了，草木枯萎了，鸟类的食物——水草、昆虫、鱼虾也稀少了，不飞迁，就很难存活下去。所以，每当天气转冷以后，敏感的候鸟就会成群结队地向着温暖而又食物丰富的南方飞迁了。

那么，它们又为什么不在南方定居下来，而每年都要这样忙忙碌碌地奔波往返呢？

这是因为，夏季的时候，太阳直射在北回归带，北半球的日照时间长，有利于鸟类的繁殖，它们有足够的时间来筑巢、觅食和孵育雏鸟，如果继续留在南方，反而不利。科学家认为，鸟类这种行为的形成，有一定的历史根源：远在几十万年以

鸟类或对次声特别敏感

有报告说，某些鸟类对次声特别敏感，它们在高空飞行时，能听到远山的雷雨声，还能听到1000千米以外的波涛声，甚至能听到电离层的脉冲声。或许，它们就是凭借着这种特殊的本领，辨认方向，修正迁徙路线的！

前，地球上有过冰河时期，那时候，北方流来的冰块覆盖了北半球的广大地区，在那些地方生活的鸟类，由于食物的稀少而被迫迁到南方温暖的地方去；当地球上的气候慢慢变暖，而冰河逐渐退向北方时，有许多鸟类由于对"故乡"的留恋，在夏季又飞回北方繁殖；冬季，它们仍然迁到南方去住上一段时间。这样长期地来回飞翔，便渐渐地形成了一种秋去春回的迁徙习性。

靠天文导航的候鸟

候鸟为什么秋去春来？这是值得探索的问题。它们不辞辛劳，每年来往迁徙，已经有一两百万年的历史了。科学家根据古代地理、古代气候和古代生物的资料，结合现代鸟类的生活情形来推测，一般有两种说法：

一种认为，北方是候鸟的故乡。很早很早以前，北方气候暖和，四季如春，鸟儿在那里过着快乐的生活。大约在三百万年以前，地球上突然变冷。到了冬天，北方冰天雪地，那些鸟儿找不到吃的，只好离开自己的家乡，飞到温暖的南方去过冬。来年春季，北方的天气转暖，它们又回到故乡来生儿育女。年深日久，它们就成了候鸟，养成了每年定期迁徙的习性。

另一种正好相反，认为南方是鸟儿的故乡。在很早以前，鸟儿的种类和数量都不多，在南方还能将就住下。后来，鸟儿的家族兴旺起来，在南方住得越来越挤。当然主要是找食发生了困难，它们就慢慢向外扩大地盘。到了几百年前，有些鸟儿就迁到北方来生儿育女，到了秋天才迁回老家。年深日久，它们就成了候鸟，养成了每年迁徙的习性。

两种说法，看起来好像互相矛盾，实际上并不矛盾。因为候鸟的种类很多，很可能有些候鸟属于前一种情况，有些候鸟属于后一种情况。不过，大多数科学家认为，属于前一种情况的候鸟居多。

候鸟年年选择南来北往，长途跋涉，有什么好处呢？一是追求适宜的气候。候鸟对冷热感觉比较敏锐，既怕寒冬，也怕炎热，所以气候一变暖，就要飞离南方，到北方去"避暑"。

二是北方的夏季白天长，比如说，在北极圈内，几乎整个夏天都是白昼，没有黑夜；在北京地区，到了夏天，白天长达 16~17 个小时。白昼长可以让鸟儿有更多的时间去寻找食物，有利于哺育幼鸟。

▲ 野鸭

《天文导航仪》

科学家根据动物的眼睛，设计了一种由光敏元件、电脑和操纵机构组成的天文导航仪。光敏元件就像"眼睛"，它能够一直瞄准星星，当星光偏离预定航线的时候，"眼睛"就会向电脑这个"大脑"报告，"大脑"马上就会计算出应该校正的误差，命令操纵机构自动调整方向。

这种天文导航仪比那些动物的眼睛庞大复杂得多，因而还有进一步向动物学习的必要。

三是北方地广人稀，敌害也比较少，可以选择安全的环境来哺食后代。

据统计，全世界现有 9000 多种鸟儿，大约一半是候鸟。比较著名的有大雁、野鸭、鸳鸯、白鹭、燕子、杜鹃、黄鹂、鹈鹕、海鸥、鹤鹬、鸧鸹、柳莺、黄雀等。

鸡类都不是候鸟，唯独鹌鹑例外。鹌鹑每年春天从东南亚飞往西伯利亚和我国的东北等地，行程也有数千千米。

燕子的种类很多，冬天大多居住在南洋群岛、印度、大洋洲等地，2 月上旬就开始向北飞。它们有的飞到长江中下游一带就留下了；有的还向北飞，几乎遍及我国内地；有的甚至一直飞到西伯利亚东南部。

斑嘴鹈鹕的身子大约 1.5 米长，有一张长长的嘴，嘴下面有一具大皮囊，可以盛 12 升水。它的食量很大，每天要吃 2 千克鱼。它善于游泳，经常成群地飞到水上去捕鱼。捕鱼的时候，许多鹈鹕排成一排，把鱼赶到岸边，然后张开大嘴捕食。春天，鹈鹕离开埃及、印度和我国南方，向北飞到欧洲东南部、黑海及我国河北等地。

候鸟每次迁徙要飞那么远，它们飞得有多快呢？根据雷达测量的结果：大雁 38~62 千米/时；野鸡 47~80 千米/时；雨燕 44~47 千米/时。由于时间、风向、风速不同，候鸟飞行的速度也会起变化。亚洲的白喉刺尾雨燕和欧洲的阿尔卑斯雨燕在做求爱表演时，能飞出极快的速度。苏联人曾对亚洲白喉刺尾雨燕的飞行速度进行过测定，结果为 70 千米/时。产于美国的白喉雨燕，飞得更快。据估计，这种鸟的飞行速度为 322 千米/时。

候鸟南来北往，沿着一定的路线飞行。科学家用雷达观察，发现在夜里飞行的候鸟比在白天飞行的多得多。这真奇怪，难道夜里比白天更容易识别方向吗？人们因而想到，也许有的候鸟是靠星星来认路的。

为了证明这种猜想，科学家对北极的白喉莺进行了实验。这种鸟每年秋天从巴尔干半岛向东南飞，越过地中海，到达非洲，再沿着尼罗河向南飞，到这条河的上游去过冬。它主要在夜间飞行。

科学家把白喉莺装在笼子里，带进了天象馆里，那里有人造的星空。当天象馆的圆顶上现出北极秋季夜空的时候，站在笼子里的白喉莺便把头转向东南，就是在秋季飞行的那个方向。然后，人造星空根据白喉莺飞行的方向逐渐改变位置，白喉莺随着星象的变化，可以使自己始终朝着它们要飞行的方向。

鸟卵趣话

青海湖古时候叫"西海"，是我国内陆高原最大的咸水湖，面积 4583 平方千米，为山间断陷湖。青海湖蒙语叫"库库诺尔"，藏语叫"错温布"，意思是"青色的湖"。青海湖有两个子湖：东南岸有耳海，东北岸有尕海。湖中有海心山、海西山、三块石、沙岛、蛋岛（鸟岛）等。青海湖盛产无鳞湟鱼。

青海湖的岛屿最吸引人的是鸟岛（蛋岛）。如果你想了解这里鸟岛的盛况，那么最好是在春末夏初的时候到此一游。这时，正是"鸟城"建筑繁忙的季节。顽皮的鸬鹚，正在悬崖峭壁布窝，密密麻麻，形似城堡；气宇轩昂的斑头雁，衔枝运草，穿梭来往，忙造新居；爱斗的鱼鸥、棕头鸥，常为抢占地盘吵闹不休。据统计，生活在鸟岛的"居民"就有 10 万多只。鸟岛真是名不虚传，天上、山上、水上，到处是白花花、黑压压的鸟，铺天盖地，蔚为壮观。一眼望去，岛上密密麻麻的鸟巢，一个挨一个，窝里窝外，到处是玉白色的、青绿色的、棕色斑点的大大小小的鸟蛋。雌鸟伏在窝里，一心一意地孵卵，雄鸟寸步不离地守卫在旁边。一个月后，各种雏鸟陆续破壳而出。这是鸟岛最热闹的季节。有时，凶猛的老鹰会突然从天外飞来，企图捕食雏鸟。每当这个时候，整个鸟岛就发出愤怒的呼叫，几千只鸟腾空而起，将老鹰赶出很远很远才胜利返航。

参观完了中国的蛋岛，我们再放眼世界，看看各种各样的鸟蛋。

各种鸟类的卵其外形颜色及大小都有区别，鸡蛋和鸭蛋可以代表最普通的鸟卵的形状。但在野生鸟类中鸟卵还有锥形、钝椭圆形、球形的。鸟卵的外形不同是和生活环境分不开的。如在悬崖峭壁或高大树木上营造简陋巢的鸟类的卵，大都一头较大，一头较小，这样有利于使它们只在很小范围内运动，不致滚落崖下而损坏。

鸟卵的外壳颜色也是各种各样，有白色的，黄色的；也

▲ 鸟蛋

《数量最多的鸟》

野生鸟数量最多的种类是红嘴奎利亚雀，被人称为"带羽毛的蝗虫"，估计这种鸟的总数为 15 亿只。在苏丹的一个巨大的栖息地内约有 300 万只这种鸟。

有棕色的，绿色的，浅蓝色的；还有的鸟卵外壳上带有各种颜色的斑点，宛如斑斓的宝石。

鸟卵的大小更是千差万别了，迄今已知的世界上最大的鸟卵，是在不久前灭绝了的象鸟下的蛋。象鸟是一种很像鸵鸟的不会飞翔的巨型鸟类，产于非洲的马达加斯加岛上，其卵大致等于 6 个鸵鸟蛋那么大，与最普通的鸡蛋相比，两者差 148 倍。世界上最小的鸟蛋为蜂鸟蛋，只有一颗绿豆粒那么大，一个象鸟蛋大约等于 30000 个蜂鸟蛋。

生活在非洲草原地带的非洲鸵鸟，是现存鸟类中最大的一种。它体高身长，善于奔跑，适应于沙漠荒原中生活。其中最大的雄性鸵鸟身高可达 2.75 米，身长 2 米左右，体重约 160 千克。鸵鸟生的蛋平均重为 1.6~1.8 千克（大约是 24 只鸡蛋的重量），长度为 15~20 厘米，直径为 10~15 厘米。煮熟一只鸵鸟蛋要花 40 分钟。尽管其蛋壳的厚度只有 0.15 厘米，但它上面却足以承受一个体重 127 千克的人的重量。

1988 年 6 月 28 日，在以色列基普兹哈翁集体农庄，一只两岁大的北部鸵鸟和南部鸵鸟的杂交后代产下了一枚创纪录的鸵鸟蛋，这枚鸵鸟蛋重达 2.3 千克！

在美国的鸟类中产卵最大的鸟是号手天鹅，所产的天鹅蛋平均长度为 11 厘米，直径为 7.1 厘米。加利福尼亚秃鹰的蛋平均长度为 11 厘米，直径 6.6 厘米，重 269.3 克。

世界上最小的鸟类是蜂鸟，大小和蜜蜂差不多，身体长度不超过 5 厘米，体重仅 2 克左右，主要分布在南美洲和中美洲的森林地带。由于它飞行采蜜时能发出嗡嗡的响声，因而被人称为蜂鸟。蜂鸟种类繁多，约有 300 多种。鸟类中产卵最小的鸟是产于牙买加的马鞭草蜂鸟，迄今所见到的两只鸟蛋长度不到 1 厘米，分别重 0.36 克和 0.37 克。

在美国的鸟类中产卵最小的是卡斯塔蜂鸟，其鸟蛋长 1.2 厘米，直径 0.8 厘米，重 0.48 克。南非洲分布的蜂鸟卵长径为 1.1 毫米，宽径 0.8 厘米，卵重 0.5 克。

搜集保存各种大小、颜色不同的鸟卵是非常有趣的，用针管把蛋黄、蛋清抽去，干燥后就可以长期保存。把鹌鹑蛋、鸡蛋、鸭蛋、鹅蛋、各类火鸡的蛋及人工繁育的鸟卵搜集起来，在你的组合柜中陈列，那也是高极陈设之一呢！你若有兴趣的话，不妨寻找几枚鸟卵，自己动手制作成奇特而物美价廉的收藏品。

有趣的鸟的孵化

鸟类是卵生的，一到繁殖季节，鸟类就开始筑巢，然后产卵、孵卵，直到雏鸟出飞，完成生儿育女的任务。那么，你知道鸟一窝能产多少卵吗？

鸟类产卵数目因不同的鸟而差别很大。生活在南极的企鹅，居住在远洋孤岛悬崖绝壁上的海燕，因很少受到其他动物的干扰，每窝只产一枚卵。潜鸟、雕、鸠鸽、大角鸮和许多热带鸣禽，每窝都产 2 枚卵。大多数温带鸣禽和鸫、鹪、鹩、燕、画眉、莺、雀等每窝产 3~5 枚卵。许多食虫鸟，如山雀、䴓旋木雀等每窝产 6~10 枚卵。在地面上产卵的雉、野鸭等，遇到的危险比较多，一窝产卵都在 10 枚以上。

鸟类一窝产卵数的多少，还随季节而有所不同。有人曾对 1800 窝大山雀的卵做过调查，发现早期的巢（4 月 4 日~4 月 12 日）平均产卵数为 10.3 枚；而晚期的巢（6 月 6 日~6 月 14 日）平均产卵数只有 7.4 枚。这说明，鸟类每窝产卵数的多少是随着繁殖季节的延长而逐渐减少的。猛禽每窝产卵数的多少和它们的主要食物——啮齿类动物的多少有着密切关系。温度对猛禽的产卵数也有影响，在非洲、澳洲，每逢天气十分干燥的年份，产卵数就少一些，而在潮湿多雨的年份产卵就多一些。

许多鸟类，一年内不止产一窝卵，有时可以产两三窝以上，例如麻雀就是。有些鸟类，当它们产下的卵被拿掉一枚的时候，还会补上一枚；甚至全窝卵失掉了，如果生殖腺没有萎缩，还会接着补生第二窝卵。苇莺通常能产 3~6 枚卵，但是当人们取走它的卵以后，补生的卵数可以达到 11 枚；在人为的刺激下，寒鸦每窝能产 15 枚卵；啄木鸟在 113 天内可以产 71 枚卵。因此，利用这种特性，可以使许多益鸟增加产卵的数量。

鸟的孵卵多数由雌鸟担任，雄鸟一般只在附近"守卫"，有些还携带些食物给正在孵卵的雌鸟。一般两性羽色区别不太明显的鸟类，雌雄都参加孵卵；而两性羽色有明显区别的，大多数由羽色较淡的鸟类担任孵卵。

当然也有个别的鸟自己不孵卵，比如杜鹃，它自己不筑巢，而是将

▲ 孵化

最濒危的鹦鹉

产于巴西的斯皮克氏鹦鹉是世界上最濒危的一种鹦鹉，1988 年左右生活于野外的已经绝种，目前仅有 10 只笼养的存于世，其中 8 只在巴西。

卵偷偷地放在别的鸟巢中，为没有出生的小家伙选好"义亲"。然后把孵化抚育的事全推给"义亲"去做，自己一概不管。诗人杜甫的《杜鹃》诗中说："生子百鸟巢，百鸟不敢嗔。仍为馁其子，礼若奉至尊。"这虽富有文学夸张成分，但所描绘的情况基本属实。

最懒的雄性鸟有蜂鸟、绒鸭和金雉，它们从不参与孵化工作，把孵化下一代的责任完全推给雌性鸟。而雌性的普通几维鸟却把孵化的责任完全留给雄性。

卵的孵化期，随鸟的种类的不同有长有短，但是同一种类却是相同的。

小型鸟类 13~15 天。大斑点啄木鸟和黑嘴杜鹃的孵化期最短，通常只有 10 天。中型鸟类为 21~28 天。大型鸟类则更长些。漂泊信天翁的孵化期是鸟类中最长的，一般正常的孵化期为 75~82 天。有一个反常的纪录是由产于澳大利亚的象雉创下的。这种鸟的一枚鸟蛋经 99 天的孵化后小鸟才出壳。正常情况下这种鸟的孵化期是 62 天。上面提到的几维鸟其孵化期是 75~80 天。

平常所说的孵化，实际上就是给卵加温，据三十多种正在孵化的鸟卵的测定，其平均卵温是 34℃，一般在 33.4℃~34.8℃之间。孵卵的时候，鸟体和卵接触的部分，羽毛脱落，形成孵斑。此时孵斑部分的微血管特别发达，孵斑部分的皮肤温度也特别高，对卵的孵化很有利。

下边我们谈几种人工繁育鸟的孵化。

金丝雀孵卵由雌鸟担任。孵化时间南方一般为 14~15 天，而北方则需 16~18 天才能孵出。由于雌金丝雀每天只产一个卵，所以雏鸟出壳的时间不一致，先产的卵雏鸟早出壳，后产的卵雏鸟晚出壳。同一窝的雏鸟个体差别较大。为了克服这个缺点，有的地方在雌鸟产卵后，用石膏制成的假卵换出真卵。到产下第四个卵时，才把另外 3 个卵同时放进巢里，拿出假卵，让雌鸟孵化。这样，4 只雏鸟就可以在同一天出壳。入孵 7 天，可在灯光下看出卵内有血丝，如无变化则为未受精卵，可以挑出。

珍珠鸟，这是一种娇小美丽的笼养鸟，红嘴、红腿，煞是惹人喜爱。笼养时人工配对、自然配对都可。每窝产卵 5~6 枚，每天产卵 1 枚，卵白色，椭圆形，似中等花生米大。孵化期为 14 天左右，雌雄鸟共同孵卵育雏，但以雌鸟为主。有个别鸟只产卵不孵卵，若发生这种现象，应及时寻找代孵鸟，用十姊妹、白腰文鸟都可。

虎皮鹦鹉的孵化期为 16~20 天，完全由雌鸟孵卵。孵卵期间，全靠雄鸟叼食喂养。此时要喂主食饲料，停喂发情饲料，雌鸟从产第一枚卵起，即开始孵卵，以后边产边孵卵，雌鸟把腹部卧在卵上进行孵化。每天翻卵数次，更换孵卵方向，在孵化中，雌鸟可把未受精卵或中途死亡卵排出，不进行孵化，这是鸟类的本能。

鸟类的睡眠

"春眠不觉晓，处处闻啼鸟"，这脍炙人口的诗句几乎妇孺皆知。春天的早晨，当人们一觉醒来，外面已是百鸟齐鸣了。那么，鸟儿是不是也要睡眠呢？对于人类，睡眠至关重要。睡眠能使大脑得到充分休息，恢复功能。睡眠时，大脑处于休息状态，由大脑直接控制的思维活动及有关器官都能得到很好的休整，紧张的肌肉也处于松弛状态，因而有利于消除疲劳。鸟类也不例外，它们也需要适当的睡眠。

鸟类的睡眠，在时间上有着令人惊异的差别。大多数鸟一天大约睡 8 小时，有些鸟差不多要睡一天，而另一些鸟几乎一点觉也不用睡。斑头秋沙鸭每天要睡 13~14 个小时，而鸥椋鸟每天安排睡眠的时间还不足 1 小时。雨燕、家燕、乌燕鸥和常见的一些广布性的机警的鸟，好像一点也不需要睡觉，要不然就是在飞行中睡觉。即使在同一个种内，睡眠时间根据每只鸟所承担的义务和栖息环境的不同也有变化。在繁殖季节，许多鸟睡觉的时间比平常要少些。它们趁白天为幼鸟寻找食物。人工半散放驯养的丹顶鹤、白枕鹤、白鹳、大天鹅等鸟，它们在非繁殖季节关在饲养笼舍里，几乎用大半个白天的时间睡觉；但当它们被放在野生环境中自由活动，或在 4~6 月份繁殖期，即使关在笼舍里白天的睡眠时间也不足 2 个小时。

在动物园的水禽湖上，有时你会看到一对对鸳鸯、天鹅及其他一些水禽，把头埋在背羽里，随风漂浮在水面上；在岸边伏卧在地上的野鸭，也把头插在背羽里，静伏在那里。原来这些水禽正在"午睡"呢！

野鸡、鹤、鹭、鸻、鹬及鸥类等都有"午睡"的习惯。

野鸡是在地面生活的森林鸟类，在炎热的晌午，常在灌丛或大树下林荫处的地面上进行"沙

▲ 短耳鸮（猫头鹰）

浴"，这种行为有利于驱除体外寄生虫。"沙浴"过后它们也常伏卧在阴凉处，闭上眼睛，进行短暂的"午睡"。傍晚，它们来到夜宿地，飞到大树的低枝上，然后逐级往上跳，选择树叶繁茂、隐蔽条件好的树枝，用爪紧紧抓住树枝，把头弯向背后并埋在背羽里"睡觉"。

涉禽类，如丹顶鹤、白鹤等吃在沼泽地，住在沼泽地，营巢、孵卵和育雏也都在沼泽地。鹤类的睡眠姿态独特，它们无论是在"午休"，还是晚上"睡觉"，总是缩起一只脚，另一只脚站立，并把头埋在背羽里。所有涉禽，如鹤类、鹳类、鹭类、鹬类等都以这种姿势"睡觉"，所不同的是，鹳和鹭夜栖在树上。

猫头鹰是夜行性鸟类，专门在夜间觅食，因而只好在白天"睡觉"了。猫头鹰的睡眠姿势十分奇特，这在鸟类，甚至所有动物中都是独一无二的。白天它栖息于密林中，隐蔽在条件极好的树枝上，用脚爪紧紧地抓住树枝，身体直立地站在树枝上。这时它们总是睁一只眼、闭一只眼地"睡觉"，从未见过它们闭上双眼"睡觉"。至于这种"睁眼睡"究竟有什么生物学意义，现在还很难说清楚。

鸟类虽然有窝，但那不是它们"睡觉"的卧室，而是生儿育女的"产房"。几乎全部鸟类，包括麻雀、啄木鸟、燕子在内，在非繁殖期都不在窝里睡安稳觉，只有在繁殖季节的孵卵时期，或晚成鸟的育雏期，亲鸟才在窝里睡觉。而雏鸟一旦羽毛丰满即离巢而去，再也不回窝中。

鸟类的睡眠时间需要多长？是否随年龄的增长而减少。迄今人们还不甚了解。科学工作者曾对藏马鸡的睡眠做过一些观察，发现它们在入夜的头一小时是处在深度睡眠状态，即使猎人打下同一棵树上的一只藏马鸡，其余藏马鸡并无反应，仍在"睡觉"，可见它们睡得多死。可过了深度睡眠时间，它们就睡得不那么死了，这时再有惊动，即四散飞逃。

也许读者会提出一个问题：为什么鸟类栖息在树枝上睡觉而不会坠落？

原来，树栖鸟类的趾的构造，生长得非常适于握住树枝。倘若你仔细观察鸟类栖息在树枝上的姿势，便可知道，它落在树枝上以后，便弯曲胫跗骨和跗蹠骨，蹲伏在树枝上。这时，它身体重量的压力都集中在跗蹠骨上，跗蹠骨后面的韧带被拉紧，同时也拉紧了趾骨上的弯曲韧带，趾便弯曲而紧紧握住树枝。因此，鸟类栖息在树枝上，即使是睡觉，它的趾也会因身体的重压而紧紧地握住树枝。如果直立起来，趾的尖端就会伸展开。此外，由于鸟类的脑比爬行类动物的脑发达，它的大脑半球虽无皱纹，可是比较起来却增大了不少。树栖鸟类的小脑蚓部最为发达，视叶也很大，不单是适应飞翔生活，也善于调节运动和视觉，能够很好地使身体保持平衡，所以鸟类栖息在树枝上的时候，仍然能保持稳定而不坠落，这也是重要的原因之一。

鸟飞蝶舞和现代定位、导航技术

在一个环境标志不太明显的陌生地方，不携带任何专门仪器是要迷路的。可是离家 200 千米，鸽子和狗都能准确找到家。

根据生物学家多年来的研究，有许多鸟类完全是凭沿河、沿海岸的地形标志来确定自己的飞行方位的；可是，如果把翱翔在茫茫大海上的海鸟带到几百千米以外的远洋中去，它依旧能够飞回自己的巢穴。有些人认为，它们能够感觉地球的磁场，也有些人认为它们能够感觉地球自转产生的回转力，凭这些就能够确定自己的方位。是不是这样的呢？至今也没有定论。

"残灯一盏野蛾飞"。晴朗的夏夜，如果在旷野上点一盏灯，就会有很多的飞蛾飞来。它们绕着灯火打转，直到双翅被火烧着为止。

飞蛾真的是爱慕光明而不惜蹈火牺牲吗？仔细研究起来，这其中倒是大有奥妙的。

飞蛾喜欢在夜间出动，它在摸索飞行的道路时，是以月亮作为"灯塔"的。飞蛾的眼睛是由很多单眼组成的复眼，它飞行的时候，总是使月光从一个方向投射到它的眼里。当它绕过某个障碍物或是迷失方向的时候，只要转动身子，找到月光原来投射过来的角度，便能继续摸到前进的方向。

如果旷野上出现了灯火，在一定范围内，飞蛾看见灯火就会分辨不清哪个是月亮，哪个是灯火。由于月亮远在天边，灯火近在咫尺，它就常常会把灯火误认为是月亮。在这种情况下，它只要飞过灯火前面一点，就会觉得灯光射来的角度改变了——从侧面或者从后面射来的，因此便把身体转回来，直到使灯光以原来的角度投射到眼睛里为止。所以当飞蛾在灯火近旁活动的时候，只要稍稍远离灯火一点，就不得不转回来面对着灯火。于是飞蛾就不停地对着灯火转来转去，绕着灯火作螺旋状的盘旋，直到撞入火中为止……原来，飞蛾是利用天体（月亮）定位"导航"的。在自然中，利用天体"导航"

▲ 鸟的天文导航

的动物也不在少数。蜜蜂在花间采蜜归来，用舞蹈向伙伴指示蜜源的方向时，是以太阳作为基准的；候鸟举家迁徙，在夜晚作长距离飞行时，是根据天上的星座来确定方向的……

在热带的河流里，有一种专门在淤泥里翻寻食物的小鱼。它虽然一头栽在泥里，但是敌人一接近，它马上就会发觉。在人类发明"雷达"以后不久，才知道这种鱼身上原来是有雷达的。它的尾巴能发射无线电波，无线电波碰到敌人以后，它又会用自己的背鳍接收这个从敌人身上反射回来的电波。

> ## 《《 天文导航 》》
>
> 观测天体（日、月、恒星、行星等），确定飞行器（或船舶）的位置或航向的导航技术。观测设备有六分仪、天文罗盘、星体跟踪器。定向、定位精度高，隐蔽性好。

蝙蝠善于在黯淡的黑夜中飞行，就是蒙上它的眼睛再放到布满罗网的黑屋子里去，它也能照样钻空子飞翔。可是只要塞住它的耳朵，或者封上它的嘴，它就到处瞎撞了。原来，它的嘴能发出人类的耳朵听不见的超声波，超声波从障碍物上反射回来，蝙蝠的耳朵可将其听得清清楚楚。

许多动物，如狗、狐狸，都有特别敏锐的嗅觉，有一种叫做"埋葬虫"的甲虫，能从很远的地方直奔动物尸体。有几种蝴蝶能从相隔 8~9 千米的地方找到自己的同伴，它是依靠气味来定向定位的。

自然界是无限丰富的，人类是自然界的主人，人的身上虽然没有雷达之类的器官，但人类创造了许多专门的仪器来武装自己。在黑夜中迷失道路时，人们很早的时候就会利用北斗七星和北极星来指引方向了；历代的航海家们也曾花了无数个不眠不夜，来观察天文。后来，人类把天文导航应用到飞行器具上来，现在有一种自动控制的导弹，就是利用天文来导航的。

利用天文导航的导弹，它的航向是预先由人们规定的。人们规定某两颗明亮的星星作为导弹飞行的"灯塔"。如果导弹按照人们规定的航路飞行时，这两颗星星的光就各从一定的角度投射到导弹的"眼睛"中，导弹的"眼睛"是由一种光敏仪器和望远镜组成的。当导弹由于某种原因偏离了规定的航路，星光投射到"眼睛"中的角度不符合预先的规定，这时"眼睛"内的光敏仪器就感受到了一定的偏差，这个偏差迅速地通过导弹的"脑子"——电脑精确地算出，然后电脑向操纵舵发出修正的信号，利用一定的装置进行调节，直到星光投射入"眼睛"的角度恢复到原先规定的角度为止，这时导弹的身躯也就回到正确的航路上了。利用天文导航的导弹就是这样不断地消除偏差而遵循着规定的道路飞行的。

飞机夜航，所依靠的是现代无线电定位技术。蝙蝠的超声波只能传播几米远，而我们的超声测探仪，却可以探测深达几千米的海洋深处，了解海底地形状况、鱼群的大小和洄游的动向。此外，利用磁针、回转仪等仪器来定位，更是自然界的动物望尘莫及的了。

鸟类与仿生学

　　海鸟的翅膀狭长弯曲，端部呈尖状，比陆地上鸟的翅膀强健有力，因此海鸟能在辽阔的海洋上空作持久飞行。有人研究了多种海鸟的翼尖形状，制造了一种用在小型飞机上的锥形弯曲机翼，试用后稳定性很好。

　　在墨西哥、巴西等温暖地带的山区和我国福建省武夷山区，有一种专门采食花蜜的鸟，名叫"蜂鸟"。这种鸟很小，身长只有 5 厘米多，但飞行速度极快，它的翅膀每分钟平均颤动 500 次！它不仅可以向前飞，而且可以向后退着飞。它能垂直起落，一下子可以拔高到 2000 米高空，突然间又可以直降下来。它在吮吸花蜜时并不是停落在花枝上，而是采取直立姿势定悬在空中。对于研究理想的垂直起落飞机的技术人员来说，小巧的蜂鸟不就是一个最佳的模型吗？

　　俗话说得好，"鸟看飞行"。科学家都能根据鸟的飞行特点来判断鸟的种类。

　　至于飞行的速度，远东的针尾燕可以说是飞行最快的一种，它飞行的速度达到时速 170 千米。它贴近地面像风一般疾飞而过，然后振翅冲上高空，接着又以惊人的速度冲向地面。特殊情况下，某种鸟类能在短距离内用更快的速度飞行。如游隼，当它追捕猎物时，能用时速 300 千米的速度飞行。产于美国的鸟飞行速度最快的是白喉雨燕。据估计，这种鸟的飞行速度为 322 千米/时。信鸽在回巢时的飞行速度只比游隼稍小一些。多数鸟类的平均速度，大约在 40 千米/时到 70 千米/时之间。

　　某些鸟类如候鸟，在迁徙时，必须不停息地完成飞越大海和山脉的远距离飞行。如横渡北海和地中海的鸟类，必须不停息地连续飞行 600~700 千米。横渡墨西哥湾的鸟类，要不间歇地飞行 1000 千米远的路途。冬天，从北美大陆到夏威夷群岛去过冬的鹬和金鸻，必须不着陆地飞过一段极长的路程——3300 千米。1990 年，法国国家科学研究中心的皮埃尔·朱文汀和亨利·韦默斯科奇通过卫星上的无线电发射装置对 6 只横跨印度洋觅食的漂泊信天翁进行监视。结

▲ 蜂鸟

果发现，在两次进食之间它们飞过的距离约为 3600~15000 千米。在飞行过程中，它们能轻易地保持 56.3 千米/时的速度飞越 800 多千米。

野鸭能悠然自得地飞行在 9500 米高空，而人登上 4500 米高峰时呼吸已经感到很困难了。研究鸟的脑血管为什么会在空气稀薄的条件下依然畅通，对人类在供氧不足的环境中正常生活和延长生命意义重大。

鸽子的腿上有一个小巧而灵敏的感受地震的特殊结构，人们根据它的原理仿制出一种新的地震仪，使地震预报更加准确。

鸽子的眼睛有着特殊的识别本领，这是由于它的视网膜上有 6 类功能专一的神经节细胞：叶亮度检测器、普通边检测器、凸边检测器、方向边检测器、垂直边检测器、水平边检测器。人们模仿其视网膜上的细胞结构制成的鸽眼电子模型，虽结构还不及鸽子的复杂完善，但安装在警戒雷达上、应用于电子计算机处理无关数据方面已有广阔的前途。

地球上海水占总水量的 97%，而海水的人工淡化器目前设备庞大、结构复杂、耗能量高，但海鸥、信天翁这些海鸟却可通过眼睛附近的一条盐腺把喝下去的海水中的盐分排出，一旦完成这个功能的模拟，人类利用海洋的前景将会更加广阔。

一般鸟类在飞行时都产生噪音。但猫头鹰却不同，即使在万籁俱寂的深夜，它也能静悄悄地飞行，出其不意地抓住小动物，并美餐一顿。这是因为猫头鹰翅膀羽毛的表面遍布着细细的绒毛，翅膀扑动，翎毛相互摩擦，不会产生明显的声响。另外，它的每根翎毛的前缘和后缘都呈现细齿梳子状态，微小的噪音又可以从细齿间的缝隙中消失掉。科学工作者模拟猫头鹰翅膀的这种结构，做了一个像锯齿形状的翼片，在风洞里试验。结果表明，这种翼片的边缘产生的许多小涡流，会促使翼片后面的空气平稳，从而消除了产生噪声的涡流。可以设想，如果模拟猫头鹰的翅膀结构制成飞机的两翼，不就可以减小或者消除高速飞机那令人讨厌的噪音了吗！

此外，人们根据鹰眼的结构正在研制鹰眼系统导弹，这种导弹在飞临打击目标上空时就能自动寻找、识别目标而跟踪攻击，达到弹无虚发、百发百中的目的；人类还根据猫头鹰能在漆黑夜晚从雪层下揪出潜伏的老鼠的性能，进一步研究改进红外感受器……

《仿生学》

仿生学是生物学与技术科学之间的一门边缘学科。涉及生理学、生物物理学、生物化学、物理学、数学、控制论、工程学等学科领域。仿生学把各种生物系统所具有的功能原理和作用机理作为生物模型进行研究，希望在技术发展中能够利用这些原理和机理，从而实现新的技术设计并制造出更好的新型仪器、机械等。生物界各种丰富多彩的功能，具有极其复杂和精巧的机构，其奇妙程度远远超过迄今为止的许多人造机器，因此在工程科学的进一步发展中，人们需要向生物寻找启发和进行模拟。

鸟儿的歌声启发了音乐家的灵感

在和风送暖、万物复苏的春天，你也许会更加感觉到，包罗万象的自然界不仅是一个绚烂多彩的世界，而且是一个美妙动听的音乐殿堂。

传说，德国著名音乐家贝多芬小的时候，很喜欢去野外森林聆听大自然美妙的音乐。林子里鸟儿的婉转鸣啼使他留恋；树枝梢头蝉儿热烈的恋歌使他沉醉；池塘边的青蛙以及蟋蟀、螽斯等的合唱更使他着迷。后来，他创作了闻名于世的《田园交响乐》。他常说这些鸟儿、虫儿、蛙儿都是大自然最出色的音乐家。

鸟儿更是"动物音乐家"当中的佼佼者。它那美妙绝伦的歌声，给人类提供了丰富的灵感。可以说，古今中外的音乐家无不为鸟的鸣叫水平叹为观止，古乐今曲都融有鸟鸣的韵律。在我国音乐史上鸟儿是当之无愧的启蒙老师。古籍《乐论》就有"乐律始于鸟鸣"的说法。《管子》记述得更具体："凡听羽，如鸟在树"、"凡听角，如雉登木以鸣"。这里把我国古代"羽"、"角"等音阶与鸟叫声相联系，可见古代音乐家都对鸟鸣很有研究。《诗经》的开篇《关雎》唱道："关关雎鸠，在河之洲。"琴曲《关雎》至今仍流传不衰。

奥地利大作曲家莫扎特的音乐生涯中，有一个鲜为人知的"挚友"，它就是一只"耳聪心慧舌端巧"的欧椋鸟。当他的这位长羽毛的"朋友"去世时，莫扎特不胜悲哀，特意为它举行了葬礼唱赞美歌，朗读了一首亲自作的悼念诗。不久前，美国印第安纳州的一对生理学家夫妇指出，这只小鸟对莫扎特的音乐创作起到了很大的影响。他们对莫扎特的《音乐与幽默》进行了研究，认为这是莫扎特模仿欧椋鸟的叫声而创作的。欧椋鸟与鹦鹉、八哥一样，都是天赋的模仿家，它们善于模仿别种动物的声音，如青蛙的呱呱声、小马的嘶鸣声，甚至人的哨声、笑声、汽车的喇叭声和锯木的尖厉

▲ 八哥

声……或甜润清肠肺，或高亢奔放。它们还能记住和重复大量乐曲，并用快乐的不和谐的音调和乐曲相结合，就像一支幽默滑稽的曲子。莫扎特买到这只欧椋鸟后喜不自禁，不失时机地把它的鸣叫特点捕捉到《音乐与幽默》的创作中。

德国作曲家舒伯特与鸟儿也有不解之缘。他有一次在维也纳郊外旅游，突然听到林间云雀的欢快鸣声，便按捺不住心中的激情。舒伯特跑到附近的酒馆里拿了桌上的几张菜单，灵感泉涌，挥笔成篇，即著名的《听！听！云雀》。海顿的《云雀四重奏》，更是细腻地描绘了云雀鸣唱时的各种娇媚神态。不少外国音乐家迷上了杜鹃的歌声。瑞典音乐家佑纳逊在第一次世界大战后创作的器乐小品《杜鹃圆舞曲》，巧妙地将杜鹃的歌声融入旋律，充满了欢快祥和的气氛，如今已成为现代舞会的常用乐曲。布里顿的《欢乐的杜鹃》，则用小号演奏杜鹃歌声。此外，海顿的名曲《鸟儿四重奏》以四种器乐模仿枝头群鸟，鸣声啁啾，曲调优美。还有柴可夫斯基的《天鹅湖》、柯伊达的《孔雀变奏曲》、贝多芬的《夜莺之歌》等等，都是模仿鸟鸣的不朽名作。

我国模仿鸟鸣的民族器乐佳作更是丰富多彩、各领风骚。筝曲有《寒鸦戏水》，琵琶曲有《平沙落雁》，箫曲有《鹧鸪飞》，古琴曲有《鹤鸣九皋》，笛子曲有《百鸟行》。

广东音乐《鸟投林》，堪称惟妙惟肖的鸟儿鸣奏曲。著名的民间乐曲《百鸟朝凤》，更是用唢呐演奏出热闹非凡的百鸟对歌，令人心驰神往。我国还有不少以鸟为题的优秀民歌。如江西的《斑鸠调》、浙江的《青丝鸟》、内蒙古的《小黄鹂鸟》、锡伯族的《百灵鸟》、哈萨克族的《云雀啊云雀》等，都是脍炙人口的歌曲。现代音乐家刘天华谱写的二胡乐曲《空山鸟语》，把人引进一个幽雅轻快的境界，仿佛看到鸟儿在树上纵情鸣转，陶醉在大自然的天籁中，使人感到一种生活的愉悦。

那么，这些鸟儿"音乐家"是怎样发出各种动听的声音的呢？是不是也像人类一样，由气通过咽喉里的声带，引起振动而发声的？鸟儿和人类倒有些相似。

鸟儿的歌声

鸟儿的歌声并不是为了启发音乐家的灵感，也不是表现它们自己的音乐才能，而是为了生理上和生活上的某种需求。穿云的山雀、绕梁的燕子，它们清脆多变的鸣叫，主要是为了互诉呢喃的情话；迁徙中的大雁的各种鸣叫，主要是为了招呼掉队的伙伴和报警突然发生的敌情……

鸟儿的发声器叫"鸣管"，也是长在喉咙里头。鸣管里有像薄膜一样的韧带，当它们啼叫的时候，气流通过鸣管振动韧带，歌儿就唱出来了。为什么一种鸟儿唱的是一种调呢？大家都听过音乐，知道长箫发出的声音比较低沉、柔缓，而短笛发出的声音却很尖锐、急促。可见，鸣管的长短、嘴巴的形状与鸟儿的发声很有关系。小巧的黄鹂和麻雀的"鸣管"都很短，尖尖的小嘴巴唱着清脆、悦耳的曲子，使春天的早晨显得更加清新；而长脖子、扁平嘴巴的大雁唱起歌来音韵悠长、低回，引起古代诗人们悲凄的秋思……人们还可以修剪八哥的舌头，训练它模仿人的声音呢。

鸟类的感觉、感情与智慧

据科学家统计，目前世界上共有鸟类 9000 多种。它们的体态、色彩、鸣声、习性各不相同，构成一个庞大的生机盎然的鸟类王国。鸟类，虽然不是高级的智能动物，但也有自己独特的语言、感觉、家庭和生活方式，有些鸟类还有一定的智慧。

每当春暖花开的季节，森林、草原、田野、河畔到处百鸟争鸣，给大自然平添了的无限情趣。

鸟儿为什么要唱歌呢？实际上，鸟儿的歌声就是它们的语言，是它们表达"感情、交流思想"的一种工具和方式。它们用不同的语言，表示相互召唤、发出警报或者是彼此亲昵、求偶等等。

例如，当雁群在湖沼畔歇息时，总要有头雁警戒。一旦有什么响动，"值班"的雁便"嘎嘎"地大声鸣叫，唤醒群雁，躲避风险。

鸟的语言，常常与觅食有关。比如，白鹅"嘎嘎嘎"地鸣叫，是呼唤同伴；连叫 7 声，意思是告诉同伴：这儿没危险，就在这里觅食吧；如果只叫 4 声，就是说：别在这待下去，咱们起程吧！

鸟儿也会唱"情歌"。像百灵鸟，雄鸟嘹亮悦耳的歌声，会招引雌鸟尾随高飞，当它们情投意合之后，便合起翅膀，进入草丛中低声谈情说爱去了。

鸟儿有的有极敏锐的视力，有的有机灵的听觉，有的有奇异的感觉功能。信鸽是大家所熟悉的，如果把它们送到 500~1000 千米以外，它们能在无人引导的情况下，冲破暴雨阴霾，战胜狂风险阻，飞返原地。

许多鸟类是喜欢群居的。为了生存和繁衍，它们需要一起觅食，共同抗御"敌人"。比方说，当它们在草地上、浅水中觅食时，往往有轮流放哨的，一旦发现"敌情"，便发出鸣叫声，逃离险境；有的鸟群，当发现个别"敌人"侵犯时，还会群起而攻之；也

▲ 百灵鸟

有的鸟类对幼鸟有集体护育的本能，当它们中有的不幸遇难后，它们往往聚拢抢救或"呜咽"哀鸣，甚至将死去的难友"埋葬"……这些都说明鸟是有感情的。

对鸟类行为的研究和观察，使鸟类学家提出了一个重要的使人惊讶的推测：鸟类比旧石器时代的人还聪明。一位跟踪新喀里多尼亚岛上一种渡鸦达数年之久的动物学家说，这种鸟不仅会使用工具，甚至懂得制造工具。

在我们生活的环境中，常见的乌鸦、喜鹊、家燕、八哥、画眉、百灵、云雀、黄雀等都属于鸣禽类。它们的发声器发育完善，能发出和谐悦耳的鸣声，有的种类还能模仿其他鸟的叫声，甚至个别种类经过训练后，还能学会一些简单的人的语句。在众多的鸣禽鸟类中，以渡鸦为最大，它的体长可达 630 毫米，体重有 1200 克。

渡鸦善高飞，叫声响亮。它们常单个或十几只一群活动在开阔地方及村庄附近。渡鸦性凶悍，常袭击一些家禽和家畜。如果遇到患病的羊时，它们会成群地将羊围起，在羊身上胡乱啄食，直至把羊弄死。渡鸦还能攻击野兔，啄食鼠类和一些鸟类等，更喜食腐肉和动物的内脏。它们选择海拔 4000 米以上的悬崖峭壁的石隙或小树上营巢，且有延续使用旧巢和占据他巢的习性。每窝产卵 3~6 个，卵色为浅绿蓝色，并带有黑褐色斑点。雌鸟单独承担孵卵，孵卵期为 20 天。双亲共同喂育雏鸟。据记载，渡鸦的寿命可达 50 年。

回过头来我们再看看渡鸦的智慧。渡鸦会使用某种形状的小棍子来取食。它会用嘴直着或斜着叼住一根树枝，将其伸进树洞里，通过头部的快速运动，把藏在树洞里的幼虫、蜘蛛或其他昆虫取出食用。新喀里多尼亚岛上的渡鸦会反复使用一根树枝。当它从一棵树飞到另一棵树时，会用爪子抓住那根树枝随身携带着。这种渡鸦还有一种削树枝的特殊本领：它会用嘴准确无误地把一根树枝上的细枝一一除掉，剩下主枝，顶端还留下一个小杈。

不过，新喀里多尼亚岛上的渡鸦不是唯一会使用工具的飞禽。例如，加拉帕戈斯群岛上的苍头燕雀会利用仙人掌刺把藏在洞中的昆虫取出享用；某些寒鸦会用石头把核桃砸开。当然，鸦类也不是唯一会制造工具的鸟。有一种啄木鸟习惯于把核桃先放入一个小坑固定，然后再用嘴把核桃啄开。如果在附近找不到合适的小坑，它就会用嘴掘一个大小正好的坑。更令人感到惊讶的是，啄木鸟的眼中似乎有一个圆规，放入的果实大小相当，准确无误，它绝不会把一个小核桃放入较大的坑，也绝不会把一个大核桃放入较小的坑。

然而，人们还是会提出这样的问题：鸟类的这种惊人行为是其智慧的证据，还是其本能的表现？大多数研究人员认为，这是"聪明动物的智慧"体现。一些鸟懂得想方设法解决从未遇到过的问题。例如，研究人员发现，酷热的夏天，与其他鸟类一样孵蛋的燕子，能够想出办法给蛋降温。它们会跳入水塘，浑身带着水飞回巢中，把所孵的蛋弄湿降温。

鸟语花香益健康

微风和煦，春意盎然；鸟语花香，景色迷人。当你置身于这大自然赐予的优美环境中时，可否知道，这声声鸟鸣和斗艳的花朵，不仅点缀了这诱人的春色画卷，而且还对人类健康有着微妙的裨益呢？

人们都知道，高频调的噪音对人体有害。但是，既然噪音对人体有害，那么一点声音也没有对人体不是更好吗？其实不然。前些年，美国建成了一座高层建筑物，经使用一段时间后，许多在里面工作的人都患了一种无名的疾病，出现血压降低、白血球减少，并有忧郁、失眠等症状。后来发现主要病因是房间内的隔音材料过于吸音，使室内几乎听不见声响，以致人们无法适应这种过分宁静的环境。不久，这座高楼内安装了一台小型振动器，能不时发出轻微的音响，病人便不治而愈。

春天，枝头上的黄鹂、百灵都会给你奏出动听的轻音乐来。长期在噪音下工作的工人和以脑力劳动为主的白领，听了这声声鸟语，顿觉心旷神怡，精神振奋，疲劳顿消。

每当大地回春，披上鲜艳的绿装的时候，家燕便发出呢喃的鸣声，从遥远的南方结队北来，低空飞旋屋檐间，寻觅旧巢或在这里重新安家。杜鹃经过长途旅行也回到自己的家园，它们站在农田周围的枝头上，一声接着一声地叫着"布谷——布谷——"。鸟儿都能发出鸣声，而鸣声因鸟而异；红胸鸲能发出银铃般的鸣声，黄鹂的鸣声婉转明亮，喜鹊是喳喳地叫，乌鸦则是哇哇哇，有的鸣声悠扬动听，当然也有的叫声枯燥乏味。

为什么鸟儿会鸣叫，特别是爱在春天歌唱呢？原来，鸟鸣是它适应自然界生存的一种本领。鸟类都有一种叫做鸣管的特殊发声器官，位于气管和支气管交界处，像一个结构复杂的音乐盒。它有一条骨质带，上面紧绷着由肌肉控制的薄膜。鸟儿把空气从肺里逼出来，这些肌

▲ 黄鹂

《黄 鹂》

中国常见的为黑枕黄鹂,体长 25 厘米。雄鸟羽毛金黄而有光泽,头部有通过眼周直达枕部的黑纹。翼和尾的中央呈黑色。雌鸟羽色黄中带绿。树栖。鸣声婉转,常被饲养成观赏鸟。主食林中有害昆虫。夏季分布于中国和日本,冬季迁往马来西亚、印度和斯里兰卡等地。

肉巧妙地收紧或放松,使薄膜震动,就能发出鸣声。据鸟类学家研究,鸟类的鸣叫可分为啭鸣和叙鸣两种。

每当春暖花开,气温回升,鸟儿从远处归来后,便急急忙忙地寻找地盘,以便栖息和繁育后代。这项工作大多由雄鸟担任,它不辞劳苦,且鸣且飞,且飞且寻。当雄鸟占领一块地盘之后,就引喉高鸣,唱起歌来,以歌声招引它的伴侣。特别是画眉、百灵等鸟中的"歌星",歌唱得比其他时候更频繁更卖力气,以吸引雌鸟。它们在空中比翼双飞,尽情欢唱以后,就双双飞落地面,结成伴侣。鸟儿在春天唱的一首首歌都是爱情之歌。这种在繁殖季节里的鸣叫,称为啭鸣。在鸟类交配产卵后的孵卵育雏期间,随着雄鸟性腺活动减弱,啭鸣也逐渐减弱,以致完全停止。啭鸣实际上受着鸟类求偶本能的支配。

叙鸣,是鸟类在日常生活中的"语言",雌鸟、雄鸟都能使用。雁群在湖沼畔歇息时,总有头雁担任警卫值班,一旦有什么响动,头雁便"嘎嘎"大叫,唤醒雁群,躲避危险。母鸡外出觅食,能"咯咯"地呼唤雏鸡。巢中的雏鸟饥饿时,会"叽叽"地鸣叫,要求亲鸟喂食。由于叙鸣属于日常生活使用的语言,所以音调单纯,简单明了,不像啭鸣那样委婉动听。

鸟的鸣叫,就是鸟类的"语言",研究鸟类"语言"是很有意义的,人们懂得鸟的"语言"后,就能加以模仿,用以招引和驯化鸟类。

那么,花又为什么香呢?原来花香也是为了繁殖后代。因为绝大多数植物的花瓣里都含有大量的油细胞,它能分泌出一种芬香油。有的植物花,虽然没有油细胞,但这种花在新陈代谢的过程中,也能产生一种芳香油。芳香油经过太阳的蒸发,香味四溢,便把蜜蜂、蝴蝶招来。它们一边采花蜜,一边传播花粉,帮助花儿结子。看来,"鸟语"和"花香"都是生物生长繁殖的一种本领。

花香,对人的健康也有好处。香味不仅给人以舒适的感觉,还能净化空气。我国古代名医华佗曾用"三香"(麝香、丁香、檀香)制成粉末,装入用绸制成的锦囊里,悬挂于室内,治疗呼吸道疾病。现代医学家认为,香味能杀灭某些病菌并有一定的医疗作用。如茉莉、米兰、丁香、桂花、紫薇、月季、玫瑰的香味中,能散发出具有杀菌作用的挥发油,有清新空气的功能。石榴、菊花、腊梅等有吸收硫、氟化氢、汞、铝蒸气的能力;天竺葵的香味使人镇静,促进新陈代谢;白菊花的香味可明目、清头风;丁香花味能镇静安神等。苏联就建立了一个用花香治疗疾病的疗养区,来此治疗的人每年多达 55 万。

鸟类的环志

在众多的鸟类中，有一部分鸟在春秋两季总是沿着固定的路线来往于繁殖区和越冬区之间，这些鸟就叫候鸟。目前，世界上已知的 9000 多种鸟中，约有 1/3 是候鸟。我国现有的 1186 种鸟中，候鸟就占了近 1/2。为了研究候鸟迁徙的途径和范围，掌握鸟类种群的数量变动规律及生命史，鸟类学家经常用环志的方法进行研究。

什么叫环志呢？鸟类的环志，就是用金属铝或塑料制成的环，大小与鸟的腿粗细相当，重量为鸟体重的 0.03%~0.04%，每个环上均打上编号，并标记国家、单位信箱号码、型号等字样，套在捕捉到的鸟腿上或颈上、翅上，再将鸟放飞。同时记下环志的号码、鸟的名称、雌雄老幼、套环的地点及时间等，目的就是一旦在其他地方发现带有环志的鸟，可根据环上所标记的国家和信箱，通知该国的有关组织，使其知道所环志的鸟已在何处出现，这样，就可以获得研究鸟类的许多方面有价值的资料。

目前科学家对迁徙鸟和候鸟进行环志研究，目的是研究它们的迁徙途经、路线、距离、速度以及越冬地和繁殖地等情况。例如，我们在北京捕捉到一批鸟，给它们套上环，每一环都有一个号码，在将它放飞之前，用卡片详细记录它们的情况。若干年以后，我们在某一地方又捕捉到它，一查记录就知道它是往哪个方向飞，经过什么地方，飞行了多远以及飞行速度了。但这要对大量的鸟进行长时间的研究才能得出正确的数据。鸟越多，所研究的时间越长，得出的数据也就越正确、越可靠。

再一种是对留鸟进行环志。所谓留鸟，就是终年栖居于一个地方，不作春去秋来飞行的鸟。像北京的乌鸦，冬季在城区附近活动，夏天到山区进行生儿育女，这种情况就属留鸟，而非迁徙。

对留鸟环志进行研究，主要是研究它们的生活史，

▲ 鸟的环志

迁　徙

迁徙是多种鸟类依季节不同而变更栖居地区的一种习性。在鸟类中，视迁徙习性的有无，可区别为"候鸟"和"留鸟"两大类。哺乳类中的蝙蝠类、驯鹿以及昆虫中的蝗虫、美洲王蝶、英国大白蝶等也有迁徙现象。鱼类和鲸、海豚、鳍足类及甲壳类等的洄游也是一种迁徙。

即研究它们自卵中孵出以后一直到死亡为止的情况。如我们捕到一只鸟，给它带上环，详细记录它的情况后再放走。5 年后见到它还活着，10 年后再也见不到它了，则它的寿命是 5~10 年。通过许多资料的积累，就能准确地得知该种鸟的平均寿命。

我国是世界上最早了解鸟类迁徙的国家。秦汉时代就有关于鸟类迁徙的记载。《吕氏春秋》中就有"孟春之月雁北，孟秋之月鸿雁来"的记录。据说两千多年前，吴王宫中有一宫女曾将居住宫中的燕子的爪剪去，以试验它翌年是否仍回到原来的地方。在国外，早在公元 1000~1400 年的中世纪时代，人们即把狩猎时捕获的鹭系上薄片或环，然后释放。用系统的科学方法对鸟进行环志始于 1899 年。这一年，丹麦鸟类学家莫尔廷幸把印有系统号码的铝环挂在鸟的脚上，这种方法的成功，引起了所有欧洲鸟类工作者的兴趣，而环志方法也迅速被其他国家所采用。

1949 年，美国和加拿大共环志 55000 多只鸟，从事这项工作的人数约 1000 人。从 20 世纪 50 年代末至 60 年代初这段期间，每年全世界环志的鸟类数目超过 200 万。

现在，国际上很重视环志工作。俄罗斯、德国、美国等许多国家都有鸟类环志中心组织。我国与日本签订了中日候鸟保护协定。我国已成立了全国鸟类环志中心和全国鸟类环志办公室。

环志工作具有长期性、广泛性和群众性等特点。我国疆土幅员辽阔，环境复杂多样，给环志鸟的回收带来许多困难。因此，只有得到广大群众的支持和合作，才能获得较好的效果。全国鸟类环志中心希望全国各行各业的人们，如果在田野、森林或路旁发现病死或受伤的戴有环志的鸟，应将环志标记取下，弄直后用胶带粘在一张厚纸上，并记下环志上的所有号码和字母，将发现的地点、日期和过程写清，然后写上发现人的姓名和详细地址，用挂号信寄到全国鸟类环志中心（北京 1928 信箱）。如得到的环志鸟是健康的，就不要将环志取下，而应仔细记下环志上的号码和字母，然后放飞，因为这样可以更多地了解它飞到哪里或寿命多长。同时还应把上述记录再加上鸟的种类、发现地点和日期一并寄到环志中心。如果发现的环志鸟是国外的，那么也应将鸟环和记录寄给全国鸟类环志中心，由环志中心负责将此结果通知该国。

劝君莫打三春鸟

　　1948 年 4 月 9 日，毛泽东主席和周恩来总理在山西省五台山台怀镇视察寺庙文物，他们从塔寺后门走出来时，毛主席看见了对面墙上贴着"劝君莫打三春鸟，子在巢中望母归"的小标语，便面带笑容地问地方干部："这是谁贴的？"有人回答："这是和尚贴的。""应广泛宣传！"毛主席颇有风趣地说："我们不是从僧'放生'（指信佛的人把别人捉住的鸟买来放掉）的立场出发莫打三春鸟，而是从三春鸟保护林木这点出发。"

　　鸟是人类的好朋友。

　　一只燕子一小时能吃掉 10 只昆虫，一年能吃掉几万只昆虫；一只雨燕一天能消灭苍蝇、蚊子、蚜虫 6000 多只；一只燕鸻一天能吃 130 多只蝗虫；一只灰喜鹊一年能吃掉浑身长满毒毛的松毛虫 15000 条，可保护 1~2 亩松林免受虫害；一只山雀一昼夜吃的昆虫等于自己的体重；一只乌鸦一年中 80% 以上的食物是蝗虫、蝼蛄、松毛虫、夜蛾幼虫和象蚺等；一只杜鹃每天能吃掉毛虫 100 多条；一只灰田鼠一个夏天能吃掉 1 千克粮食，而一只猫头鹰在一个夏天能吃掉 1000 只灰田鼠，可以从鼠口夺粮 1000 千克；一只啄木鸟每天可吃掉杨树天牛 300 多条，在 1000 亩森林中，人工放养两对啄木鸟就能基本控制蛀干害虫的危害……

　　鸟类多栖息在林子里。它们的食物，主要是森林害虫，鸟类食量很大，特别是育雏期捕食量更大。有人对孵出后第五天的大山雀幼鸟哺食情况进行调查：一对亲鸟喂养 12 只雏鸟，喂虫种类有松毛虫、松针蜂、尺蠖、梢蛾等害虫，雌雄鸟共喂食 285 次；梁上的燕子育一窝小燕雏，要捕食 250 万只苍蝇、蚊子等害虫；喜鹊 4~6 月间捕食的金龟子、松毛虫、蝗虫等占其总食量的 70%~100%；灰喜鹊繁殖

▲ 灰喜鹊

2010 年 4 月 30 日英国《泰晤士报》称，濒危物种的数量正在快速增加。据 2009 年 11 月世界自然保护联盟发表的一篇报告，21%的已知哺乳动物、30%的两栖动物、12%的鸟类和70%的植物都面临着消失的危险。现在物种消失的速度是自然死亡率的 1000 倍！

期间捕食的农林业害虫及其幼虫达总食量的 80%以上；秃鼻乌鸦在 5~7 月育雏期内，捕食的蝼蛄、蝗虫、金龟子、鳞翅目幼虫等农业害虫占它食物总量的 70%以上；麻雀在繁殖时期也要捕捉大量的昆虫来喂养它们的儿女。据统计，一对成鸟每天衔虫往返 100 次以上，其中不少是金针虫、蝗虫、象鼻虫、菜青虫等农业害虫……

鸟类繁殖期间是捕食害虫数量最多的时期，也正是农林害虫生长繁殖的鼎盛时期。因此，鸟类对抑制农林业害虫起了很重要的作用。我国古代人民就观察注意到了这种现象，并提出"劝君莫打三春鸟，儿在巢中盼母归"。因为，繁殖时期杀死一只雌鸟，就等于消灭了一窝鸟。

此外，鸟类还能传带植物花粉，"监测"预报环境污染……这是鸟类的生态价值。

说起鸟类的科学价值，更使人钦佩不已。"腾云驾雾"的飞机是在鸟翅膀功能的启发下应运而生的。鸟所特有的生理功能，如看视、定向、探测、导航、控制调节等，对生物力学、信息处理的应用提供了很好的借鉴，启发科学家们开拓了一系列崭新的科学领域。如，模拟鹰眼、鸽眼制成的"电光鹰眼"、"鸽眼雷达"等，在国防建设中已大显神威！

"关关雎鸠，在河之洲，窈窕淑女，君子好逑"是我国第一部诗集《诗经》的首篇，描绘的是一幅动人心弦的画卷。千百年来，千姿百态的鸟儿闯入诗歌、音乐、舞蹈、戏剧、电影、武术、绘画、雕塑、工艺等各个艺术领域，其多姿多彩的美学价值，给人类带来了无穷的欢欣和快乐，为丰富我们文明之国的灿烂文化和艺术宝库立下了显赫功绩。

百灵鸟歌喉婉转，令人心旷神怡；布谷鸟催促人们开犁播种，使人精神振奋；而喜鹊枝头闹、鸳鸯交颈舞及大雁列队南去北归等，又给人们增加了无限生活乐趣和遐想……

爱鸟是爱自然、爱生活，也是爱祖国的体现，是有文化教养和文明健康的标志。

为了保护好鸟类，我们要广泛宣传鸟类在人类生活中不可替代的作用，提高人们对保护鸟类的意识。在一定意义上说，保护鸟类、保护环境就是保护人类本身；要通过各种形式介绍鸟类的生存习性和繁衍知识，使广大群众懂得保护鸟类的方法，并为其生存繁殖创造条件；要严格执行国家保护鸟类资源的法律法规，对违法乱捕滥杀鸟类，特别是珍稀鸟类者，依法给予严厉惩处。

全球五分之一鸟类濒临灭绝

　　鸟类是大自然的重要组成部分，也是国家宝贵的资源。保护和合理利用这项资源，对维护自然生态环境，对科研、教育、文化、经济等方面，都具有重要意义。

　　然而，由于森林遭到破坏，水域面积缩小，以及不合理地施用化肥、农药和乱捕滥猎等原因，鸟类资源已经遭到严重破坏，鸟的种类和数量明显减少，有的鸟类已经绝迹。

　　几年前，一个名叫"鸟类生活国际"的组织发布最新研究报告，向人类提出警告，世界上将有一千多种鸟类面临灭绝的危险，而非洲农业发展以及热带森林的减少更让这种危险雪上加霜。该组织是一个全球性的保护组织联盟，这份名为《2004年世界鸟类状况》的报告是有史以来第一个有关鸟类研究的文件，对鸟类目前的状况以及分布情况都做了系统的研究。

　　这份报告说，世界上每 8 种鸟就有一种鸟类面临着灭绝的危险，或者说有 1211 种鸟面临着灭绝的危险，占已知 1 万种鸟类的 12%，而且有 179 种鸟已经处在灭绝边缘。在 1211 种濒危鸟类中，有 966 种（占 80%）鸟的数量不到 10000 只，数量在 2500 只以下的有 502 种（占 41%），而更有 77 种鸟的数量不足 50 只，这 77 种鸟属于高危物种，稍不注意就会从地球上消失。

　　世界上受到威胁的大部分鸟类生活在热带地区，而其中 64% 是由于热带森林遭到破坏而引起的，欧洲农田里的鸟类在 40 年里数量下降了 1/3。

　　海岛上濒危鸟类的 67% 是由于外来物种的引进而造成的，比如岛上引进的兔子或山羊，它们会破坏鸟类的生活环境，导致鸟类数量急剧下降。

　　2005 年 6 月 1 日，一个环保组织"国际鸟盟"发布报告说，随着人类进一步入侵鸟类栖息地和外来天敌的进入，地球上超过 1/5 的鸟类濒临灭绝。

　　这个组织在其年度评估

▲ 白鲣鸟

我国鸟类自然保护区

在国家级的鸟类自然保护区中，保护丹顶鹤的有黑龙江的扎龙（繁殖地）、吉林的向海（繁殖地）和江苏的盐城（越冬地）；保护黑颈鹤的有青海的隆宝滩（繁殖地）和贵州的草海（越冬地）；保护朱鹮的有陕西的洋县；保护褐马鸡的有山西的芦芽山；保护黄腹角雉的有浙江的乌岩岭；保护大天鹅的有新疆的巴音布鲁克；保护鸳鸯的有福建的鸳鸯溪；保护白鹇鸟的有广东的西沙东岛。

报告中说，虽然有一些鸟类重新出现或其物种得到恢复，但全球鸟类的总体状况正在恶化。

"国际鸟盟"称："目前，面临灭绝的鸟类总数为 1212 种，加上接近灭绝的鸟类，处于不幸中的鸟类总共有 2000 种，占现有 9775 种的 1/5 还多。"

一些欧洲的鸟类首次出现在濒危鸟类名单上，包括主要分布在土耳其和俄罗斯等地的蓝胸佛法僧，其数量已大幅度减少。

"国际鸟盟"是一个全球性的环保组织联盟。据该组织的调查结果显示，179 种鸟被列入所受威胁程度最高——极为濒危的行列。其中包括欧洲最稀少的鸣鸟之一——红胸灰雀，这种鸟现存不到 300 只。

"国际鸟盟"说，新西兰有两种鸟的命运将步该地区已绝种的其他 5 种鸟的后尘。这在很大程度上缘于 1999 年到 2000 年当地鼠类数量的迅速膨胀。其中，橙额鹦鹉几乎绝迹，目前仅有 10 只。

报告在向人们提出警告的同时，也讲述了一些挽救动物免受灭顶之灾的成功事例，告诉人类如何保护我们的动物朋友。比如，人们一直以为短尾信天翁早已灭绝了，但是 20 世纪 50 年代，人们在日本的一个岛上发现了少量的短尾信天翁。从那以后，人类做了大量的保护工作，如在太平洋地区为它们保留了栖息地，改进了商业捕鱼方式，使信天翁免受误伤。经过多年的努力，短尾信天翁的数量发展到目前的 1200 对左右。新西兰附近查塔姆岛黑知更鸟在 1980 年时仅有 5 只了，是已知的尚未灭绝的鸟类中数量最少的一种，稍有不慎，这种鸟就会灭绝。所幸，人类已意识到问题的严重性，采取了积极的保护措施，保护它们的鸟巢，为它们提供充足的食物，目前已经发展到了 250 只，暂时脱离了灭绝的危险边缘。

1965 年，在塞舌尔群岛的一个小岛上生活的鹊鸲曾减少到 12~15 只。人们将这种鸟迁移到非洲东海岸几个没有天敌的小岛上生活繁殖，目前它们的数量已达到 130 多只。

现在，世界上大约有几十个国家选择了人民普遍喜爱或具有重要价值的鸟作为"国鸟"。国际鸟类保护协会呼吁世界各国都要选定国鸟，以使人们树立保护鸟类的意识。国际上把保护鸟类作为衡量一个国家和地区自然环境、科学文化和社会文明进步的标志之一。

鸟是人类的朋友

在茫茫地球上，鸟类的历史与人类的历史哪个更悠久？据科学家研究，鸟类要比人类资格老得多。地球上最早出现的始祖鸟，距今已有一亿三千五百多万年了，人类在地球上出现才五十多万年。

在地球漫长的历史上，共生存过 10 万种鸟，现存的鸟类只有 9000 多种，约 1000 亿只。人类在地球上一出现，就和鸟类发生了密切关系。而且随着历史的发展和文明的进步，人类越来越发现，鸟是人类的朋友。

鸟有功于人类，首先是消灭害虫，保护森林和庄稼。据

▲ 戴胜

《旧唐书》载："开元十年，贝州蝗食苗，有白鸟数万，群飞食蝗，一夕而尽。"这种白鸟就是当今闻名于世的椋鸟。据科学观测，一只椋鸟一次就给 3 只幼雏带回 9 只小蝗虫，1000 只椋鸟及幼鸟，一个月可灭蝗虫 22 吨！

全世界的昆虫种类约有 500 万种，总数约 100 亿只，占全部动物总数的 3/5 以上。其中，绝大多数属于害虫，对农林业的危害极大。据科学家估算，全世界生产的粮食约有 40%被昆虫吃掉了。为了减少损失，农业上广泛使用农药，可是很多昆虫对杀虫剂逐渐产生了抗药性，当年最有效的杀虫剂，如今对它们已经无能为力了。为了抵御昆虫的抗药性，人们只好加倍使用农药，然而这样做又使环境遭到严重污染。在人们遇到这种麻烦时，鸟类帮助了人们。由于鸟类善于迁飞，机动性强，因此哪里害虫猖獗，那里就有鸟类在战斗。

在与害虫的战斗中，鸟类的战绩是相当可观的。一只燕子一小时能吃掉 10 只昆虫，如果每天按 10 小时计算，它一年要吃掉几万只昆虫。被人们称为吃虫"圣鸟"的灰喜鹊，专吃其他食虫鸟不敢吃的、浑身长满毒毛的松毛虫。一只灰喜鹊一年大约可吃掉 15000 条松毛虫，可以保护 1~2 亩松林免受虫害。被誉为森林医生的啄木鸟，能大量消灭蛀食树干的害虫。隐藏在树干深处的害虫，一旦被啄木鸟发现，便

休想逃命。实验表明，在 1000 亩树林中，人工放养两对啄木鸟，就可以基本控制蛀干害虫的危害。菜园的保护者戴胜，俗称臭咕咕，专吃危害蔬菜的蝼蛄、地老虎、菜青虫等，它的全部食物中，害虫占 95% 以上。还有很多鸟，例如红脚隼（俗称鹞鹰）、伯劳、大杜鹃（布谷鸟）、黄鹂（黄莺）、鸮（猫头鹰）、夜鹰、大山雀（仔仔黑）、喜鹊、鹊鸲、乌鸫、柳莺（柳串）等等，都是消灭害虫的能手。

> ## 《 戴 胜 》
>
> 戴胜，俗称"山和尚"。体长约 30 厘米。具棕栗色显著羽冠，颈和胸等与羽冠同色而较淡，下背和肩羽色黑褐而杂有棕、白色斑。尾羽黑色，中部夹杂白斑。尾脂腺能分泌臭液。营巢于树洞或墙窟窿间。嗜食昆虫。分布遍及中国各地。

鸟类中的猛禽，大多是专门以老鼠等啮齿类动物为食的，对于控制农林害虫很有帮助。有人在 360 只鵟（一种白天活动的猛禽）的胃内一共找出 1300 多只老鼠尸体。据调查，一只猫头鹰在一个夏天能吃掉约 1000 只鼠类，而每只鼠类在同期至少要吃掉谷物约 1 千克，可见一只猫头鹰替我们保护了约 1 吨谷物。

鸟类传播种子有利于森林更新。白头鹎等在冬季吃多种野生植物的嫩芽和果实（如苦楝、樟等），一些鸦科种类能传播红松、橡实等大粒种子，搬运到 14 千米远处，因而有助于森林天然下种更新。鸟类啄食种子后，不易消化，随粪便排出，经过鸟类的消化系统，等于对种子进行了处理，有利于种子萌发，再附加鸟粪，种子就更容易成活了。

在南方林区，许多太阳鸟、啄花鸟、绣眼鸟等，穿飞于花丛之间，在啄吸花蜜时起着传播花粉的作用。南美洲的蜂鸟，在吸食花粉时，周身附着许多花粉，当它飞向另一朵花时，就帮助植物传了粉，成全了一场"美满良缘"。

鸟类对人类的贡献还不止这些。百灵、鹌鹑、灰山鹊等爱吃莠草子，大雁可为农田直接除草；鸽子可训以通讯；孔雀、鸳鸯等鸟可供观赏；至于鸣声婉转动听的画眉、百灵，善仿人语的八哥、鹦鹉，则更能使人意趣盎然。

鸟类还有其重要的不容忽视的经济价值。我国现有的 1186 种鸟类中，不乏"致富使者"。诸如"动物人参"鹌鹑，野鸭、野鸡等鸟禽的狩猎价值，鸬鹚、苍鹰等鸟禽的使用价值，乌骨鸡、金丝燕雀等鸟禽的药用价值，鲣鸟等鸟禽的造肥价值等，在经济建设中可谓"八仙过海，各显神通"。

但是，宝贵的鸟类资源近些年正面临着危险。工厂的大量建设，不注意除烟除尘，污染了空气；森林的大面积砍伐，破坏了鸟类生活的自然环境；再加上人们的乱捕滥猎，造成了鸟类数量的急剧下降，很多种类濒于灭绝。如果不尽快采取有效措施，自然界的生态平衡将遭到严重破坏，用不了多久，我们将很难再听到扣人心弦的鸟鸣，很难看到它们美丽的身影了。让我们一起来爱护鸟类，保护鸟类，成为鸟类永远忠实的朋友吧！

"八仙过海"，各显其能

鸭子报金矿

在金矿的找矿工作中，除了用一般的地质找矿方法外，还要采用生物方法找矿。有时在金矿区（特别是沙金矿区），发现鸭鹅竟成了"采金者"。如某地一农民在过节杀鸭子的时候，发现鸭子的胃中有重达 20 克的金粒，这真是比鸭子本身贵重得多的发现。接着他又杀了几只，发现鸭子的胃里都有金粒。后来便沿着这群鸭子活动的范围追寻，终于在一个水沟的上游发现了金矿。

▲ 鸭子

鸽子的眼睛是"超级雷达"

在茫茫无际的大海里，要搜寻遇难坠海的飞行员，是一项相当艰难的事。但经过训练的鸽子，在飞越国际上空时，发现目标准确率却能达到 96%，而人仅为 35%。在美国海岸警卫队服现役的 3 只鸽子，在直升机上发现目标后，会啄动信号开关。在雷达技术已经极为发达的今天，鸽子的眼睛，竟是一架"超级雷达"。不仅如此，在新西兰的一家集成电路厂的成品检验车间里，有两只银灰色的鸽子监视在传送带旁，它俩能准确无误地拣出次品，甚至印刷线路板上的虚焊点也逃不过它们的"火眼金睛"。鸽子的视神经，是由上百万根视神经纤维组成，视网膜能完成多种复杂功能，如发现定向运动，鉴定颜色强度，扫描等。科学家正在模拟鸽眼的结构和功能制成警戒雷达，在国境线上监视敌机和导弹的侵袭。

《《 会种树的鸟 》》

在南美洲的秘鲁，有一种名叫"卡西西"的鸟，是插柳的能手。这种鸟喜欢吃甜柳树叶，它们把带叶的柳枝啄断，然后飞到野地里用尖硬的喙在地上挖个洞，把衔来的柳枝插入洞中再啄树叶进餐。由于甜柳树极易成活，所以过不了多久，插在洞中的枝条就生根发芽了。

鸟看门

美国圣地亚哥市动物园管理处，为能使游人在猴舍入口处养成脱鞋的习惯，不知花费了多少精力，不管贴上多少严厉的布告或是罚款，都无济于事。大约每 100 位游人之中，总要有那么一两个人违犯这一规定。后来，动物园管理处把一只经过训练的乌鸦放在猴舍口警戒之后，情况才有所改善。乌鸦对待违纪者的办法很简单，如果游人中有谁进门时没有脱鞋，它立刻就会跳到他眼前，利用嘴把鞋带给他解开，这样一来，不管他愿意与否，都只好把鞋脱下来。

在非洲布隆迪，有一种名叫"斯本大"的鸟，它的舌柔韧有力，能把 100~150 克重的石块卷起并弹射到 5~6 米远的地方。布隆迪农家大都养有家畜家禽，但常受野狼的袭击。他们就驯养对狼的气味十分讨厌的"斯本大"，当狼来时它就会射石打狼，将狼赶跑，保护门庭。

鸵鸟牧羊

人们往往认为鸵鸟是胆小的家伙，一遇到危险，便马上把头埋进沙子里。但其实这根本就是误传。在非洲南部和大洋洲及南美洲等地，经过驯养的鸵鸟是很勇敢的，已成了牧羊人的得力助手。被驯服的鸵鸟看守羊群非常卖力，它能根据牧羊人发出的号令把羊群赶向指定的方向。少数羊走散了，鸵鸟会立即奔跑过去，把它们赶回羊群。鸵鸟两腿高大有力，善于蹦跳，遇到危险时，会用脚掌扑击。因此，陌生人或野兽看见鸵鸟在守护着羊群时，便会远远地躲开了。

企鹅的保温诀窍

在天寒地冻的时候，人们很容易想起南极和北极，因为南极和北极是地球上两个最冷的地方。北极最冷达到零下 60 多摄氏度；南极更冷，可达到零下 90 多摄氏度。在这样严寒的气温下，人们难以生活。然而，南极的企鹅却生活得自由自在。

企鹅分布在南极冷洋流可及的南美洲、澳洲，以及南极圈内外的各个岛屿上。

企鹅是鸟类中最适应在严寒水域中生活的鸟。企鹅一生中大约有 3/4 的时间在水中度过。它们可以划动双翅，在南冰洋那蔚蓝的海水中以每小时 30~40 千米的速度追捕鱼群或潜入深海捕捞栖息在海底的贝类为食。

在企鹅的大家族中，最令人感兴趣的是生活在南极大陆的王企鹅。这是一种身高 1 米多，重可达 50 千克的大个子。它们在南极大陆成千上万地结群生活。

在南极的夏季，王企鹅结群生活在冰岸边缘的海中捕食鱼虾，把自己养得又肥又胖。当南极的秋季来临时，王企鹅便离开海洋成群结队地走上那无际的冰原，踏上前往繁殖地的征途。

不久，王企鹅便成双成对地结为配偶。雄企鹅有时还会送给新娘一件在南极十分难得的礼物——一块来自海底的小石子。

王企鹅婚后不久，雌企鹅就生下唯一的一个蛋，把它交给丈夫，而自己则跑到海岸边，去海里觅食和游玩，来补充怀孕期间因一个月没有进食而造成的精神和体力的消耗，以便恢复体力。这时的雄企鹅负责孵蛋，它静静地站在那里，不吃不喝地忍受着时速高达上百千米的飓风和－40℃至－90℃的严寒袭击，等待着小企鹅的降生。

两个多月过去了，企鹅的爸爸终于盼到它的宝宝出世了。小企鹅一出世，虽然已经披上浓

▲ 企鹅

密的绒毛，也足可以抵御南极的严寒，可是它们还太小，还不能消化鱼虾之类的食物。雌企鹅自从离别丈夫之后，在近岸的海洋里，已吃饱了，喝足了，怀孕期的损耗也得到了弥补，便踏上了返回故乡之路，寻找久别的丈夫和初生的孩子。这时的小企鹅只能依靠妈妈嗉囊中分泌出的一种特殊的鹅乳而生存。又一个多月过去了，小企鹅已经在妈妈营养丰富的鹅乳哺育下成长起来。这时企鹅妈妈就把自己的独生子女送给几位老企鹅看管起来，自己又重返海岸寻食去了。以后生活在企鹅幼儿园中的小企鹅们，就只能靠爸爸、妈妈轮流送来的食物生活。当南极的盛夏来临时，小企鹅也长大了，直到这时它们才随父母重返海洋，在碧蓝的海水中追嬉成长。这就是世界上最不怕冷的鸟——企鹅的生活概况。

企鹅为什么不怕严寒，它们身上有什么保温诀窍吗？

有。企鹅是温血动物，又称为恒温动物，它们具有完善的体温调节机制。不管外面的气温如何变化，它们的体温总能保持在恒温状态。地球上的动物品种超过 100 万，大约有 12000 多种是温血动物，鸟类和哺乳类动物都属于温血动物。

某些极地动物身上长有肥厚的脂肪和丰满的体毛，这也是保温抗寒的一个诀窍。企鹅具有适应低温的特殊形态结构和特异生理功能。企鹅身被一层羽毛，仔细看来，这一层羽毛可以分为内外两层，外层为细长的管状结构；内层为纤细的绒毛。它们都是良好的绝缘组织，对外能防止冷空气的侵入，对内能阻止热量的散失。绒毛层能吸收并贮存微弱的红外线的能量，作为维持体温、抗御风寒之用。企鹅体内厚厚的脂肪层大约 3~4 厘米，特别是那些大腹便便的帝企鹅，脂肪更厚，脂肪层是企鹅活动、保持体温和抵抗寒冷的主要能源。

鸟羽知多少

　　赏鸟，观其羽毛之艳丽，听其歌喉之声韵，既可陶冶性情，又能遣散忧烦愁绪，有利于身心健康。鸟类还以它们鲜艳美丽的颜色、千姿百态的形体和优美动听的歌声，装扮着森林、草原、乡村和城市。

　　鸟类对于人类文明的发展是有影响的。传说，创造文字的仓颉，造字时"仰视奎星圆曲之势，俯察龟文鸟迹之象，博采众美，合而为字"。教人"钻木取火"的燧人氏，也是观察到鸟啄燧树之枝，发出了火花，而发明了火。人类能够飞上蓝天，和一开始受到鸟类飞行的启示有很大关系。

　　我们人类很早就和鸟类打上了交道，在甲骨文里就已出现了"鸟"字。约在五千多年前，我们的祖先就开始驯养鸟类，并把野生的鸟驯养成鸡、鸭、鹅等家禽及许多有名的鸟类品种。

　　人和鸟相处这么长时间了，可你知道一只鸟身上有多少羽毛吗？这是一个常被提出的难题。事实上，有很多人曾数过鸟羽的数量。

　　美国有一个牛奶工人和朋友打赌，曾数过一只芦花鸡身上的羽毛，总数为8325根。另一位研究人员也曾耐心地数过一只天鹅的羽毛，得出羽毛数为25216根，其中80%是在头部和那个长得出奇的颈部。斯密逊尼安学院的阿历山大韦摩尔数过一只红喉蜂鸟的羽毛，竟只数得940根。这虽然是一个比较低的记录，但是就其皮肤面积来说，蜂鸟平均每单位表面的羽毛比天鹅还多。

　　一般鸣禽的羽毛数目大约有1100~4600根，因种类不同而有所差别。同一种鸟，其羽毛数是差不多的，但会因季节的不同而有所增减。例如，研究人员在冬季数过3只麻雀的羽毛数，平均有3550根；7月间再数另两只麻雀的羽毛，发

▲ 芦花鸡

《 鸣 禽 》

鸣禽是鸟类的一种类群。这一类群的鸟，嘴粗短或细长，脚短细，三趾向前，一趾向后，大多善于啭鸣，巧于营巢。如画眉、百灵、黄莺、相思鸟、金丝雀等。

觉减少约 400 根。金芬雀在冬天时身上的羽毛数会比夏天多出 1000 根以上。

羽毛是从家禽、野禽身上拔取的毛和绒，有鸡毛、鹅鸭毛、彩色羽毛和雕翎四大类。我国所产羽毛品种多、数量大、质量好，是传统的出口商品。

鸡 毛

鸡毛由于采拔部位及经济价值不同，分为公鸡三把毛、母鸡两把毛和乱鸡毛三个品种。公鸡三把毛、母鸡两把毛可制羽毛掸子，美观、耐用；乱鸡毛可用于絮被、褥、衣服和手套，填充枕头、坐垫、靠垫等，轻便、暖和。

公鸡三把毛，是指公鸡颈部的项毛、背部两侧的尖毛、尾部的泳毛和尾毛。母鸡两把毛，是指母鸡背部、尾部的羽毛。乱鸡毛，是指冬春两季产生的，除公鸡三把毛和母鸡两把毛以外的公、母鸡各部位的羽毛，以及夏秋两季生产的公鸡、母鸡的全身羽毛。

鸡毛的生产季节以冬春两季最适宜，这时的羽绒丰满，鲜艳光润。

鹅鸭毛

鹅鸭毛在收购中分为灰鹅毛（包括雁毛）、白鹅毛（包括天鹅毛）、灰鸭毛（包括野鸭毛）和白鸭毛四个品种。根据其生长部位及形态不同，又分为羽支、绒子、大翅三类。

鹅鸭毛是御寒之上品，可用于絮被、褥、衣服和手套等，轻便、暖和，风行国内外。

鹅鸭毛一年四季都有生产，以冬春两季产量最高，毛绒整齐，含绒量多，质量好。

彩色羽毛

彩色羽毛是从各种雄野鸡身上采拔下来的羽毛，色泽鲜艳，是稀少珍贵的装饰品，有的用于做帽子和服装，有的制成羽毛花、羽毛画等，在室内陈设，美观雅致。

彩色羽毛的生产季节，大都在冬、春两季。

雕 翎

雕翎是指雕、鹰、鹳、鹤等野禽的翅、尾两个部位的羽毛，具有羽毛丰满、色泽美观、羽片连接紧密等特点，是制作雕翎箭和羽毛扇的原料。

各国人民都爱鸟

　　爱花爱鸟，也是人类文明程度的一种反映。不少国家都有"鸟语花香"之类的语言形容词，并把它作为春天的同义语。当成百上千只白鸽随着隆隆的礼炮声振翅高飞、翱翔蓝天时，人们又把这洁白、温驯的鸟儿看作和平、幸福的象征。

　　爱鸟的传统美德在我国由来已久。据《史记》记载，商汤在野外见人四面张网捕鸟，就令捕鸟人网开三面，只留一面，让大部分逃生，这说明当时人们已认识到爱鸟是一种美德，以爱鸟为荣，害鸟为耻。

　　历史上的许多朝代，都规定不准打鸟。公元前 11 世纪的周期，专门设置虞衡一类的官员掌管山林水泽务，按季节封禁和开放，明令禁止采集鸟蛋，禁止捕捉幼鸟。春秋时期，管仲在齐国执政，很注重自然保护，下令不准捕捉幼兽和幼鸟，不准捡鸟蛋。战国时荀子进一步提出，在草木鸟兽繁殖的时候，不得采猎，"不夭其生，不绝其长也"。荀子还注意到保护鸟兽鱼类的栖身地，他说，"川渊者，龙鱼之居也；山林者，鸟兽之居也"，"川渊枯则龙鱼去之，山林险则鸟兽去之"。这已具有朴素的生态学观点了。

　　秦、汉、唐、宋等各朝代都规定春夏季不准采集鸟卵，捕捉幼鸟。

　　新中国成立后，政府非常重视鸟类保护。国务院1962 年发布了《关于积极保护和合理利用野生动物资源的指示》；1979 年，中国环境学会正式参加了"国际自然与自然资源保护联盟"组织；1981 年 3 月 3 日，中日两国政府"保护候鸟协定"在北京签字；从 1982 年开始，我国每年都举办"爱鸟周"活动……

▲ 白头翁

《鸟的王国》

斯里兰卡首都科伦坡是鸟的王国，大街两旁的大树上鸟巢累累，百鸟从住家敞开的窗户飞进飞出，与人们混得很熟。人们把吃剩的食物丢到门口或屋顶供鸟儿享用，肉店的屠户还把一些杂碎剁细了，投出去喂鸟。

我国是世界上拥有鸟类种类最多的国家之一，达 1186 种。加强鸟类资源的保护和合理利用，对维护自然生态平衡，保障农林牧业生产，开展科学研究，发展经济、文化、教育、卫生、旅游等事业，都具有重要的意义。

第二次世界大战前，日本严禁猎鸟，因此全日本实际上是一个巨大的禁猎区，当时鸟的数目远远超过了日本的人口。但随着工业的高速发展，造成环境的严重污染，野鸟越来越少，若干种甚至濒于灭绝。为了挽救珍贵鸟类，近年来日本每年春天都举行一次"爱鸟周"、"探鸟会"活动，全国已建立 3000 多处鸟类自然保护区。面积约 300 万公顷。在这些保护区内，严禁伐树砍竹和狩猎野鸟。

近年来，日本在野鸟保护方面已取得了可喜的成绩。新潟县阿贺野市旧水原町的瓢湖成为著名的"天鹅湖"就是一个生动事例。

1950 年一个雪花飘飞的早晨，新潟县的居民吉川重三郎发现有几只天鹅栖在他田边的小小贮水池里，这是半个世纪内天鹅第一次飞到这个地区。爱鸟的吉川立即决定发起一个保护天鹅的活动，这很快得到了地方当局的支持，县政府发布禁令，禁止人们在那个贮水池附近打猎。

第二年冬天飞来的天鹅更多了，可是由于贮水池结冰，天然的食物十分匮乏，吉川重三郎便尝试喂饵。经过三个冬天的努力，天鹅开始接受他们提供的饵食。从 1954 年开始，每当天鹅飞临时，他便一日三次前往饲喂这些珍禽，以后天鹅年年增多，可是饵食的供应却成了问题。吉川不畏艰辛喂养天鹅的消息在报上发表了，日本各地都向那里寄食物，支援他的喂养工作。1958 年，吉川的儿子吉川茂男接替父亲，承担了喂食天鹅的重任，他不仅坚持为越来越多的天鹅每天喂食三次，而且有时为救一只受伤的天鹅，下到深达腰部的冰水中去。由于他为保护天鹅这一珍禽所做的杰出贡献，1971 年被邀参加在英国举行的有关天鹅问题的国际会议。到 20 世纪 80 年代末，每年飞临瓢湖的天鹅都超过了 2000 只，每天供应天鹅的饵食达 500 千克。从全国各地寄去的食物，每年达 900 件左右，约 40 吨。此外，水原町当局还专门拨款保护天鹅。现在，与吉川有着同样爱好的人遍布全日本，人们已经普遍地习惯于保护和照料天鹅、鹤以及其他野鸟。

春天的布拉格常见的鸟有几百种之多。它们往往在凌晨 4 点就开始举行"音乐会"，其中百灵鸟、欧洲八哥、白头翁等大显身手，尽情歌唱。到公园去散步，你会看到各种各样的鸟在草地上啄食，在树枝上歌唱。倘若在手掌上放些面包渣向鸟伸去，它们甚至会毫不畏惧地飞到你的手上"进餐"。